Mobile Homes

愉快な旅車の作り方

Contents

＊本書はDIY雑誌『dopa（ドゥーパ!）』掲載記事を再編集したものです。材料費等、内容はすべて取材時のものです。

014

薪ストーブがある生活拠点

トヨタ／コースター(2001)

026

家族4人の快眠空間

いすゞ／エルフUT(2000)

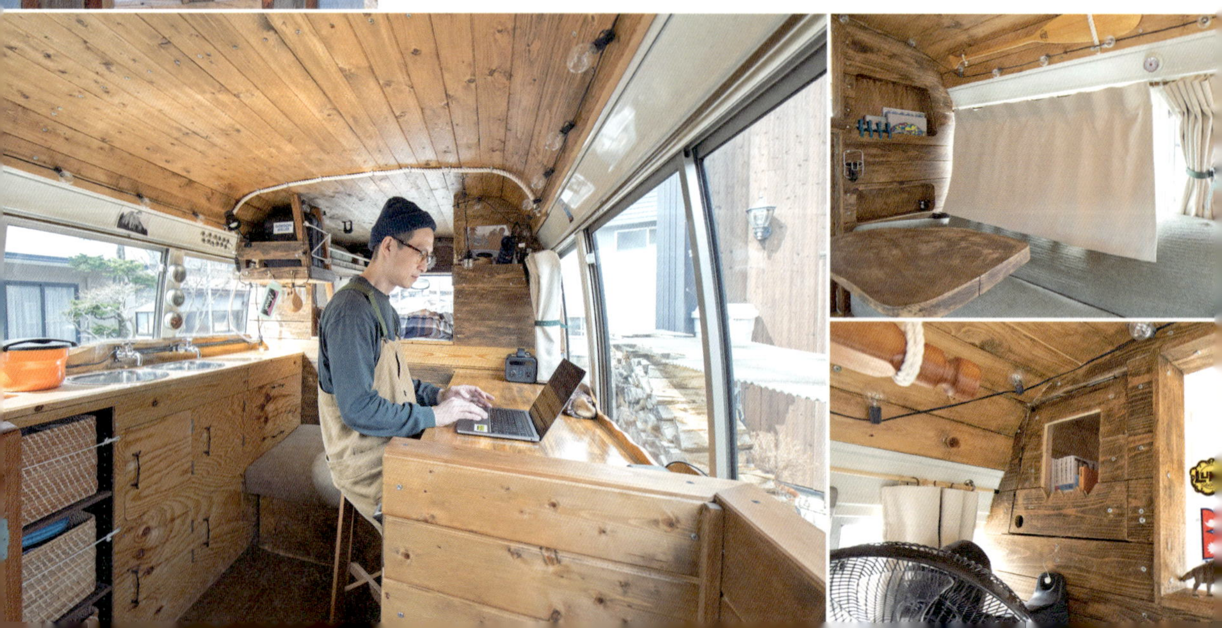

052 コンテナをキャンピングシェルに

トヨタ／トヨエース(2005)

060 幼稚園バスを動く別荘に

日産／シビリアン(2010)

068 馬車をイメージした幌屋根

いすゞ／ロデオ(1991)

074　工具を載せた旅車ビルダーの部屋

メルセデス・ベンツ／トランスポーターTIN(2003)

080　ヴィンテージトラックにハマる小屋

シボレー／ピックアップトラック(1936)

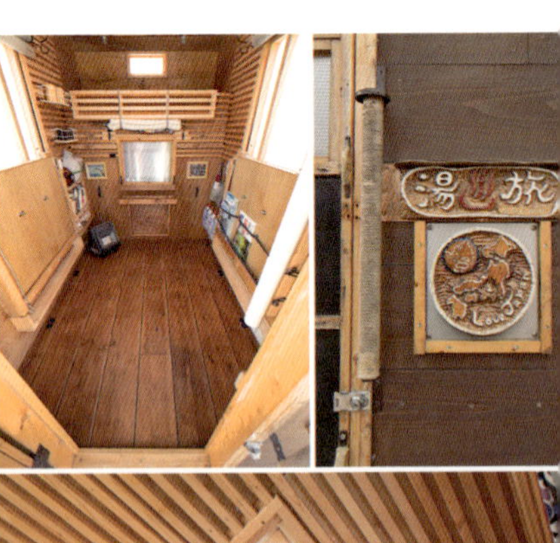

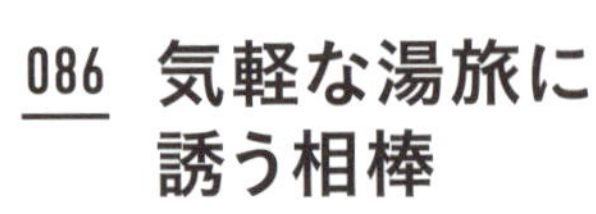

086　気軽な湯旅に誘う相棒

マツダ／スクラムトラック(2019)

092

快適な夫婦旅を叶える装備

三菱ふそう／キャンター
(2010)

098

自室と化した軽トラシェル

三菱／ミニキャブトラック
(2002)

104

走りやすさを重視したシェル形状

ダイハツ／
ハイゼットトラックジャンボ
(2014)

110 ダットサンと三角シェル

日産／ダットサントラック(1977)

116 ジャンボ軽トラの伸縮式シェル

スズキ／スーパーキャリイ(2018)

122 バンキャンパーをウッドカスタム

シボレー／シェビーバン(1992)

Relax

WARNING
MAN CAVE
ENTER AT YOUR OWN RISK
10:04

Light Camper factory

L.C.F

164 バンを旅車にする基本手順

【基本手順_1】
木製の床を張り、ベッドとミニテーブルを設置する(164)

【基本手順_2】
車中泊と2列目乗車の2wayシステムを作る(177)

【基本手順_3】
天井を木装し、ダウンライトを設置する(184)

薪ストーブがある生活拠点

トヨタ／コースター（2001）

外装は断熱塗料と自分たちで調色したイエローでツートンに仕上げた。薪ストーブ使用時は106㎜径の煙突を約2m立ち上げ、使わないときは煙突をはずして蓋をする。ルーフ後方を3枚のソーラーパネルが占める

アメリカの大学に留学し、ウルグアイでプロサッカー選手となり、その後は映像カメラマンとして国内外各地を歴訪。その経歴から活動的な性格がうかがわれる堀琢麻さんが、閉塞感漂うコロナ禍に妻の徳子さんとともに始めたのはバンライフ、つまり定住場所を持たず車で旅をしながら暮らすことだった。

選んだ車は、寿司屋の送迎車として使われていたらしい26人乗りのバス。走行距離は3万km。立って過ごせる広々としたサイズと、燃費がいいディーゼル車であることが、生活拠点と移動手段というふたつの役割に適していた。ただし、そのままでは生活拠点としてはあまりにも使いづらく、もちろん、大改造を施すことを前提に購入したわけだが、当時は夫妻そろってDIY未経験だったというから、思い切りの良さに感心してしまう。

いやそれよりも感心するのは、DIY未経験者によるものとは思えない仕上がりの素晴らしさだ。珪藻土や木といった自然素材を多用し、車内であることを忘れさせるほど居心地の良い空間を創出している。しかも一角には薪ストーブ、海外のバンライファーも愛用するイギリス製のサラマンダーストーブが鎮座。設置するには高いハードルがありそうなイメージだが、購入先のスタッフがともに設置方法を考えてくれて無事に導入できた。このような助けを節々で得られたことが、思い描いた旅車の実現に欠かせなかった。きっと夫妻の無邪気な情熱が、さまざまな人の助けを引き寄せたのだろう。

ゆったりとしたキッチンにはIHクッキングヒーター、コンベクションオーブン、冷凍冷蔵庫を備える。「食は生活の基盤」というのが夫妻の共通認識で、不便なく自炊できるよう住宅に遜色のない設備を整えている。それら調理家電のための電力は、合計1050Wの3枚のソーラーパネルによる発電でまかなう。12V200Aのバッテリーを2直2並列でつないだ24V400Aの蓄電システムは、まったく知識を持たない状態から独学で3カ月かけて構築した労作。終わってみれば、1台まるごと作り変えるために要した期間は10カ月だった。

取材したのは夫妻がバンライフを始めて2年が経つころ。その間に出産という好事があり、家族3人での旅に変わっていた。そして宮崎に停留し、自給自足暮らしの礎を築いているところだという。徳子さんと琢麻さんが旅で感じたことを話してくれた。

「車での暮らしは暑さも寒さもダイレクトに感じるし、思いどおりにいかないこともあるけど、そういうことを受け入れて楽しめるようになりました。必要なものがなかったら何で代用しようかと考えるようになった。物質的な備えでなく心の備えができるようになったっていうことかな。もうどこに行っても大丈夫」

「旅をして百姓のすごさを知りました。日本の自然の豊かさと、その豊かさの中で暮らすことそのものを楽しんでいる人に出会えた。どの人もエネルギーにあふれ、手作りを軸に能動的に生きている。DIYは楽しく生きるためのヒントだし、生きることそのものなんですよね」

写真奥に運転席がちらりと覗く。アーチ形の開口部を設けた間仕切りからこちらはまるで住宅。天井やキッチンの側面は珪藻土塗り、床はチークのフロア材をヘリンボーン張り

購入時の状態。上写真と見比べると車内の変貌ぶりが痛快

車内を後ろ向きに見た様子。中央付近に設置したL字形のソファでくつろげる

ソファの座面下は収納ボックス

ソファの後方がベッド。クイーンサイズのマットレスを車内幅に合わせて切って収めた。切る道具をいろいろ試し、包丁が切りやすかったとか

本棚が生活空間らしさを高める

SKORVAは、リベットナットを車体に打ってボルトで留めたマウントプレートに固定している

ベッドを支えるのはIKEAの伸縮式アルミフレーム、SKORVA。3本を両側の壁に固定してスノコとマットレスを載せている。ベッド下の左側にサブバッテリー、インバーター、チャージコントローラーなどの太陽光発電システム、右側に床下のタンクからキッチンへの、電動ポンプを介した給水経路を設置。空いているスペースは収納として使う

床下の左右に排水タンクと給水タンクを設置。オーストラリアから取り寄せたコースター専用タンクで各60ℓ

給水タンクへの水の補充は車体の右側面に備えた給水口から。主に湧き水を入れ、飲用水は別途ペットボトルで20ℓほど常備する

天板に耳つきの一枚板を用いたキッチンは幅2200×奥行500×高さ850㎜。曲げ合板を使って側面に丸みをつけ珪藻土塗りで仕上げている。IHクッキングヒーター、デロンギのコンベクションオーブン、エンゲルの車載用冷凍冷蔵庫(76ℓ)を装備

引き出し、扉の開閉方法はプッシュ式。取っ手が不要で、運転中に勝手に開くこともない

IHクッキングヒーターのすぐ下の引き出しは、熱を逃す目的もあってハンガーに。オーブンと薪ストーブに挟まれる位置で、濡れたものも乾きやすい

シンクは岐阜・多治見に工房を構える作善堂のものをセレクト。特別に自分たちでモザイクタイルを張らせてもらった。背面右側に見える黄色い部分は、この旅車を描いている

シンク下の引き出しに板を載せ、テーブルとして使う

シンク下の引き出しは給排水管を避けるため変則的な形状に

キッチン製作中の様子。角材で骨組みを作り合板を張っている。スライドレールに取りつけた引き出しはマホガニーの前板を張って仕上げる

窓外の景色は変わっても
自分たちで作った居場所にいつもある
かけがえのない日常

薪ストーブを設置したコーナーの壁は、裏側に空気層をあけてラスカット(左官下地ボード)を張り、モルタル塗りで仕上げている。炉台は流木の柱で支える

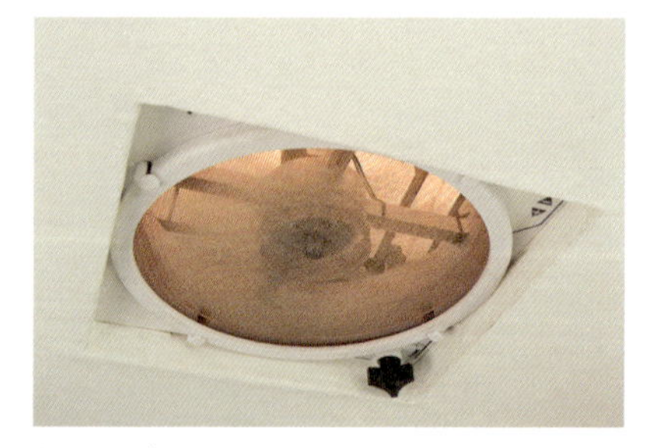

薪ストーブ使用時はマックスファンを回して一酸化炭素中毒を防ぐ

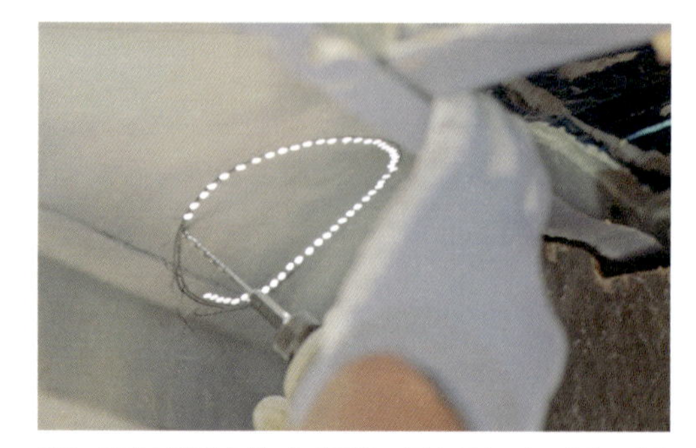

01 煙突の設置方法。まず屋根に煙突径より少し大きい穴をあける。ドリルで細かく穴をあけてからジグソーで切り取った

02 車内と屋根上の煙突のジョイントとしてスライド煙突を使用。サーモバンテージ(断熱布)を巻き、リングで車体に固定する

03 ジョイントにセラカバー(ダクト用防火材)を巻く

04 屋根と煙突のすき間を耐熱コーキングで埋める

アーチ形に開口した2枚の板を角材でつなぎ、運転席と居室の間仕切り壁を製作。壁の厚みを生かしてニッチを作り、調味料などを収めている。瓶の下には滑り止めシートを敷いている

車内のステップは床で覆って靴箱として利用

壁の上部に点在する収納が形状のアクセントにもなっている。丸みはキッチンと同じく曲げ合板で。扉はスライド蝶番により上に開く。下写真は仕上げ前の様子

ソファの肘掛けのような位置に取りつけた棚は、壁際の薄型収納の蓋を兼ねている

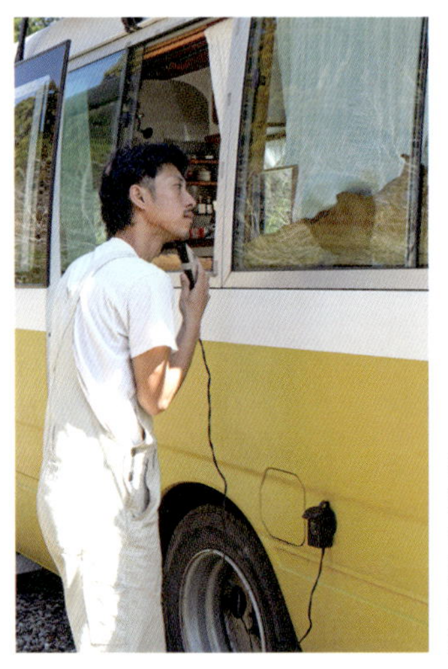

車体の左側面にコンセントを設置。AC100Vの電化製品が車外で使え、髭剃りのみならず、景色のいい場所でのデイキャンプなどにも活躍する

ソーラーパネルは、40㎜角のアルミパイプで作った枠を介してルーフキャリアに固定

天井と壁は制振シートを張ってから断熱性能が高いネオマフォームを詰め、すき間に発泡ウレタンを充てん。さらにシンサレート(高機能中綿素材)を重ねて曲げ合板を張り、珪藻土をローラーで塗って仕上げた

床は根太の間に30㎜厚のネオマファームを詰めている。根太とネオマファームのすき間はアルミテープでふさいだ

堀さん夫妻と
生後8カ月の和ちゃん

【 側面図 】

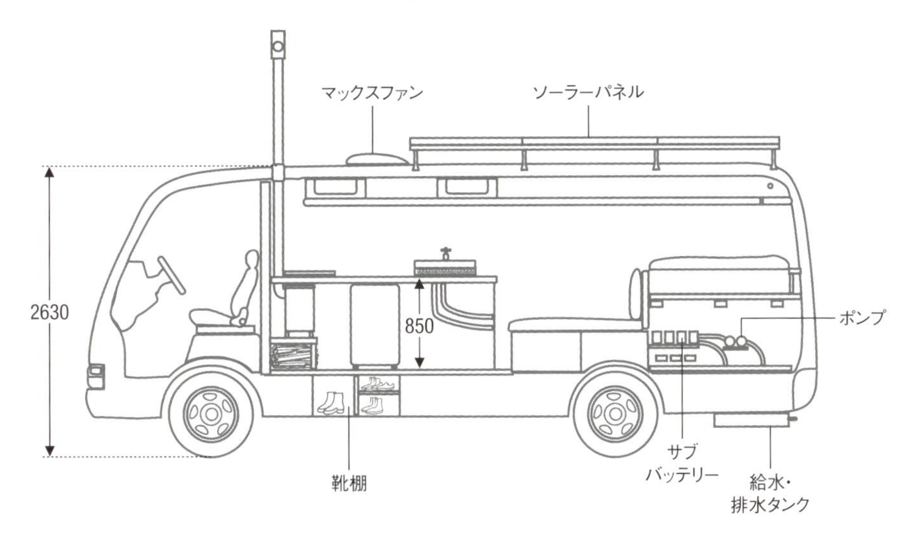

【 平面図 】

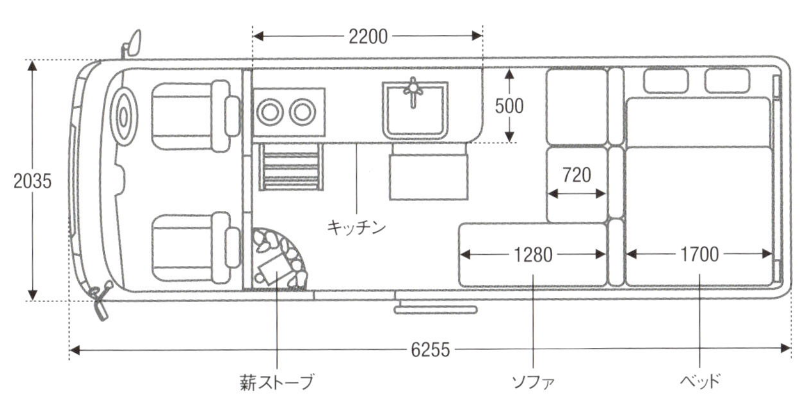

＊単位は㎜

後続車へのメッセージは“＃BohemianLife”

家族4人の快眠空間

いすゞ／エルフUT(2000)

壁を開口して窓を設置。その下も開口してエアコンの給排気口をはめている

スライドドアにも窓を取りつけた

家族で車中泊の旅に出ようと盛り上がったイワタさん一家。そのためにまず購入したのはハイエースのワイド・ミドルルーフタイプだった。しかし、しばらく車中泊を重ねてみて、旅は楽しいけれど、夫妻と子どもふたりが過ごすには車内が窮屈と実感。乗り換えることに決め、サイズのほかに「故障が少ない国産車」「夫妻ともに運転するためAT車」という条件のもとネットオークションで探したところ、出会ったのがセミウォークスルーバンのエルフUTだった。

そんなわけで旅車へのコンバージョンを司る父のユタカさんにとって、4人家族が快適に過ごせる空間作りが、いわば責務となった。そして試行錯誤の末にたどり着いたのが、上下に2種類の展開式ベッドを設置するとともに、幅広のキッチンにさまざまな機能や道具を収めるレイアウト。理想は就寝時以外に過ごす場所とベッドを分けることだが、面積的に不可能な場合は、なるべく荷物を動かさずにベッドを展開できることが過ごしやすさにつながるだろう、という意図により考案したスタイルだ。

乗車を始めて1年が経過したエルフUTは、購入時の貨物登録から8ナンバー、乗車定員9名のキャンピングカーに生まれ変わっている。家族で旅に出るのはもちろんのこと、ユタカさんの移動オフィスとしても活躍中。使ってみて気に入らないところは手直しするから、現在も進化が続いている。細部にこだわりが感じられる丁寧な仕上がりは充実した製作環境を想像させるが、実は丸ノコを所有しておらず、基本的に木材の加工はホームセンターのカットサービスを利用するという。マンション住まいで、独学で覚えた溶接の作業場はベランダや駐車場。そんなイワタユタカさんの「時間をかければ誰だってできますよ」という言葉は、DIYビギナーにも勇気をもたらす至言だろう。

壁際に設けた幅広のキッチンとソファが向かい合うレイアウト。ソファを展開するとベッドになる。床はオークのフロア材（15㎜厚）、壁はスギの相じゃくり板（12㎜厚）、天井はバスウッドの羽目板（9㎜厚）と変化をつけて木装。製作日数はおよそ半年、材料費は約100万円

ソファを展開するとゆったりサイズのベッドになる。また頭上の前部では伸縮式のスノコ状フロアを伸ばしてベッドに。これで家族4人が快適に眠れる。頭上の後部に見えるのは伸縮式ベッドとデザインをそろえたラック

普段は折りたたみ式の支持金具により収めている拡張部を引き上げ、蝶番により折りたたんでいる脚を下ろし、スライド式とした部分を広げると、対面のソファまでつながるフロアができる。拡張部に背もたれと側面にしまっているマットレスを載せれば左ページの状態になる

スノコ状のフロアを組み合わせた伸縮式ベッド。伸長部の前後端には角パイプにアングルを溶接した鉄パーツを使い、耐荷重を上げている

スムーズに伸縮するようにスライドレールを使用。耐荷重200kgでロックつき。運転中に滑り出すことはない

深型で大きめにこだわったシンクのすぐ横には水切りかごを収め、使いやすいよう天板も正面も開く仕様に。天板の裏側はまな板など薄物の収納とし、スペースを有効活用

水切りかごの下に収まるのはDometicのポータブル水洗トイレ。奥の壁面には太陽光発電のチャージコントローラーが見える

蛇口からの給水は足もとのペダルを踏む方式。バイクのリアブレーキスイッチとポンプを組み合わせて自作している。水の節約や、蛇口側に栓があることによる水漏れのおそれを考えてのことだそう

エアコンを設置するために形状に合わせたボックスを製作。この面が背面(壁側)になる。内側には断熱シートを張っている

すでに内装が仕上がった状態から壁にエアコンの給排気用の穴をあけているところ

シンク下の給水タンクとは別に飲料水用のウォータージャグを用意。保冷保温効果がある二重構造タイプ。運転中に動かないようベルトで固定している

幅1900×奥行460㎜のキッチンに、車中泊に必要な機能や道具の大半が詰まっている。左端の下部に冷蔵庫が収まり、その右側に見えるのは家庭用の壁掛けエアコン。日本未発売のFrigidaireの製品をe-bayを利用してアメリカから購入したそう。キッチン本体はシナ合板製で、天板はゴムの木

貨物車からキャンピングカーに登録変更するため、乗車定員が9名になるよう折りたたみ式の補助席を追加している。シートベルトも装備

普段は折りたたんだ補助席を木製カバーで隠す。細材をつないだ木製カバーは側面にトリマーで彫った曲線の溝に沿って開閉する。格納ボックスにはスピーカーを内蔵しており、この状態では大型木製スピーカーという佇まい

ボックス内のスピーカー回路の様子

補助席を折りたたんだ状態。左側のボックスにスピーカー用の回路を収めており、その正面に見えているのはFFヒーターのコントローラー

ソーラーパネルは225W×2枚。ネットオークションでジャンク品を3枚2万円で購入したうちの2枚で、自身で修理した。パネルの間にはマックスファンを設置

サブバッテリー、インバーターなどの蓄電システムは、キッチン横のソファの下に配置。車中泊用に開発されたムービングベースのバッテリー、Vanlife Specialを2個直列でつなぎ24V100Aとしている

乗降口のステップの蹴込みの裏側にFFヒーターを設置。蹴込みには給気口、左側の床面には温風吹き出し口が見える

設置台の下にFFヒーターの燃焼用の給排気パイプと燃料ホースがつながる

蹴込みを開口し（上写真）、設置台として鉄板を溶接したうえで（中写真）FFヒーターと燃料タンクを収めている（下写真）

購入後、内装をすべてはがし、はずせるパーツを取り外しているところ。床にはサビが激しい部分もあった。その後、全体に断熱塗料のガイナを塗り、制振シートや断熱シートを仕込んでから内装を仕上げた

窓、ファン用の車体の開口にはジグソーを使用

【 側面図 】

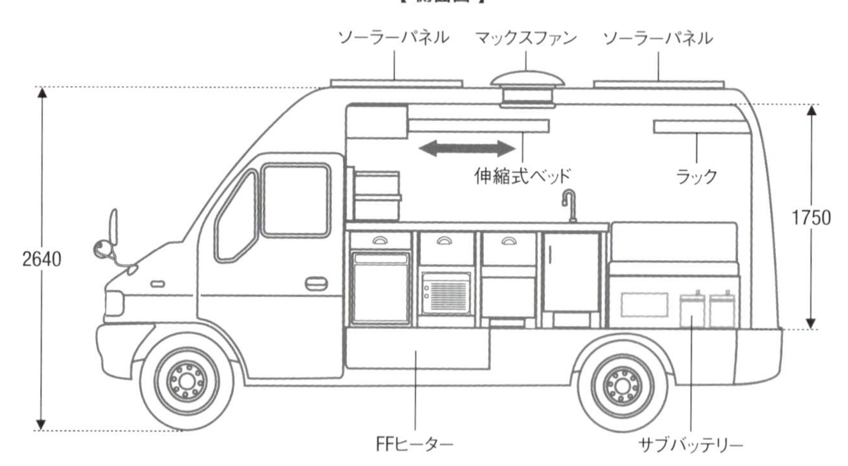

【 平面図 】

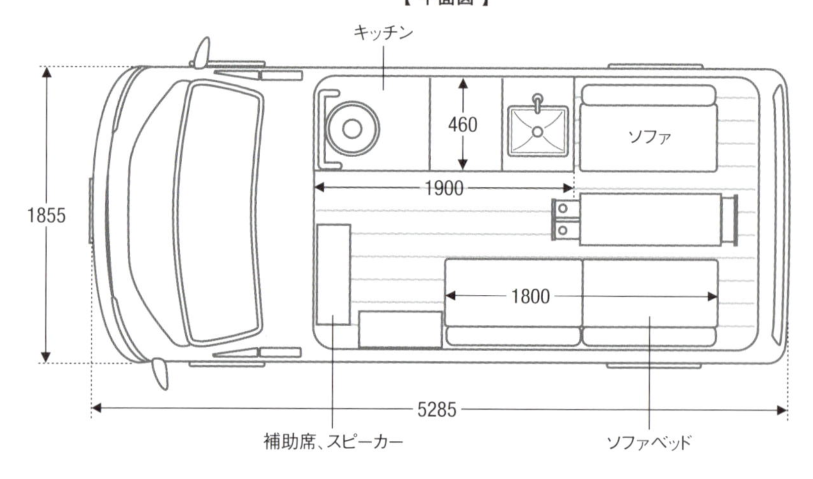

＊単位はmm

壁は断熱シートを張ってから5.5㎜厚の合板を張り、スギの相じゃくり板で仕上げた

天井は断熱シートを張り、バスウッドの羽目板仕上げ。あらかじめ埋め込み式のダウンライトを配置している

スライドドアに窓を取りつける様子。内外2枚の鉄板からなるドアの内側と外側を別々に開口し（上段写真）、外側の開口部を挟むように、押し出し窓を備えた外部のパーツとスクリーンを備えた内部のパーツを重ねて固定。大きく開口した内側には断熱を施し、下隅のすき間は木片でふさいでいる

日本各地を撮る移動基地

トヨタ／タウンエーストラック(1998)

差し掛け屋根によるフォルムが特徴的な手作りシェル。外壁は廃材の板。屋根に上るために流木を支柱にしたハシゴを作りつけている。トラックの荷台にはラッシングベルトで固定。製作日数はおよそ3カ月。廃材を多用し、材料費は約18万円

日本の各地に受け継がれる、自然と共存する暮らし方に惹かれ、その貴重な文化をドキュメンタリー映画として残したいと考えたピエール・ウエストリンクさんと胡慶如さん。トラックの荷台に手作りのシェルを積載するという手段があることを知り、長期間かけてさまざまな場所に撮影に赴くための移動基地にぴったりだと意見が一致。定期的にモバイルハウス作りのワークショップが開かれている神奈川の廃材エコヴィレッジゆるゆるに滞在し、参加メンバーの力を借りてトラックキャンパー作りに取り組んだ。

それまでDIY未経験のふたりだったが、できあがったシェルを見れば、記録を残そうというほど自然に寄り添う暮らしを尊重する感性の持ち主だけに、材料選びをはじめ製作コンセプトがわりあい明確であったのだろうと感じられる。またイラストレーターである慶如さん、映像カメラマン兼ディレクターであるピエールさんのペアならば、デザイン性とオリジナリティの高さを兼ね備えた仕上がりにも納得。できる限り廃材と自然素材を用いて資源を有効活用したうえで、自分たちの個性を表す素敵な旅車を生み出している。

ふたりの車中泊の様子を取材したのは、計画どおりに撮影の旅に出て半年ほど経ったころ。天板にカセットコンロを1口置いただけの幅700×奥行300㎜の小さなキッチンをベースに、日々、本格的な料理を楽しんでいるという。ただしシンクがないため、基本的に肉と油は使わない。また、食材を入れているパックや包装紙などゴミとなるものは可能であれば購入時に廃棄する。旅車での暮らしを始めて、通常の生活がいかに多くのゴミを生んでいるかを肌で感じることになったそうだ。

寝場所もシンプル。日中は折りたたんでソファとして使っているマットレスを広げるだけ。電力装備は容量576Whのポータブル電源と折りたたみ式のソーラーパネル1枚で、主に動画編集に使用する。

「このモバイルハウスはスペースが限られているから、ものを増やせない。結果的に、自分たちにとって本当に必要なものが何かを教えられます。また、電線がつながっていないから電力の使い方にもより意識的になりました。普段、スマホは機内モードにして消費電力を減らし、必要なときだけ電波を拾うようにしています」

そんなふうに暮らし方を見直す契機をもたらした旅車には、"Wara Nihon"号という名前がついている。ふたりがともに感銘を受けた福岡正信氏の著書『自然農法 わら一本の革命』から連想したもので、漢字で表せば"藁二本""藁日本""笑日本"を意味するトリプルミーニングだ。ちなみにその後、同じく「わらにほん」というタイトルをつけた映画が見事に完成。全国各地での上映も果たしている。

シェルの中にいながら滞在場所の風景に身を浸せるよう大きな開口部を設けた。アオリの内側には板を張っており、手作りの支柱をはめて水平にセットしたら縁側感覚のくつろぎスペースになる

観音扉の召し合わせ（真ん中のすき間をふさぐ部品）と取っ手には自然木を使用。上部は譲り受けた建具を使った押し出し窓

出入口は後方に。ドアを飾る慶如さんの絵が旅車暮らしの折々の心にも彩りを添える。シェルに上がる踏み台は蝶番で接続しており、走行時は上に折りたたんでハシゴの支柱と壁面につけた金具に固定する

窓とドアを全開にすると、ほとんど外にいるような開放感。狭小空間の窮屈さは一気に解消される。
天井と床は廃材の板で、床には柿渋と蜜蝋を塗っている。内壁はOSBに珪藻土塗り

すべての窓とドアを閉じた状態。気分次第で窓やドアを開け放てるのであれば、この籠もり感も楽しい。出入口の右側に張り出した部分がキッチンで面積はわずか約0.2㎡

キッチンの設備はいたってシンプル。天板には1口のカセットコンロが載るのみ。このほかに電気炊飯器も調理に活躍する

キッチンの天板下に垂らしたカーテンを開けると、調味料などで雑然とした生活感たっぷりの光景

行く先々で湧水を入れるウォータージャグをキッチンの隅に常備し、運転中に動かないよう丸く切り抜いた板とアオリ止めで固定している

キッチン天板下の右側には引き出し式の作業台を備える。そのほかにもあらゆる場所を使って調理をこなす

具の種類が豊富なスパゲティと味噌汁。設備はミニマムでも日々の料理に妥協はない

生地も手製のベジ餃子を作る慶如さん。このような作業ではシェル全体がキッチンと化す

シェル内部の前方。折りたたんだマットレスを壁際に配置し、ソファとして使っている。就寝時はマットレスを広げるだけ

下写真で慶如さんが使うデスクは折りたたみ式の棚受けで支えており、使わないときはたたんでおく。天板は集成材で柿渋仕上げ

右写真でピエールさんが使うちゃぶ台は、シェルの製作に使った合板の端材をそのまま天板としており、やはり折りたたみ式。狭小空間では何かと折りたたみ式にするのが合理的

慶如さんがイラストを描き、ピエールさんが動画を編集しているときはこんな感じ

キャビンの上に張り出した部分と後方に少し拡張した部分を収納に。寝具などを収め、カーテンでカバーする

左写真の収納の下の壁際には小さな本棚と廃材の障子を利用した明かり取りを設置

就寝時に見上げる先は、上写真の収納の裏面。ここにも慶如さんが描いた絵が並ぶ。旅する日常にアートを!

使用するポータブル電源は容量576WhのEcoFlow RIVER Max。主に動画編集の際にパソコンを充電するために使う

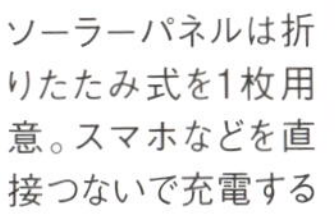

ソーラーパネルは折りたたみ式を1枚用意。スマホなどを直接つないで充電する

なるべく消費電力を抑えるため、照明は充電式のLEDを使う

屋根は廃材エコヴィレッジゆるゆるの近隣住民から提供してもらった竹で葺いた。12㎜厚の合板に防水シートとアスファルトルーフィングを重ねてから割り竹を並べている。竹は半割りにしてから灰汁を塗って防カビ処理をし、焚火で油抜き。竹のベッドに寝られるように、あえて屋根勾配をゆるくしている

茶室や日本庭園にあるものをイメージしたという丸窓。上に並ぶ窓を作る際に円形にくり抜いて生じた端材を、丸窓の周囲に張ってアクセントをつけている

キッチン部分につけた押し出し窓も、廃材の障子を利用したもの

壁の骨組みは36×45㎜のスギ材で製作。その間に詰めた断熱材は、水道管の断熱に使う筒状のポリスチレン材を半分にカットしたものというのがユニーク。観音扉にも同様の断熱材を使用

【 側面図 】

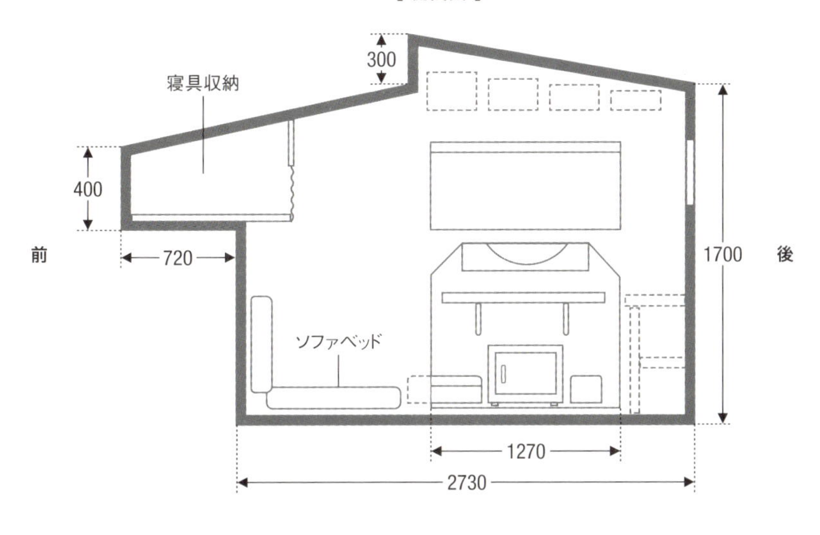

【 平面図 】

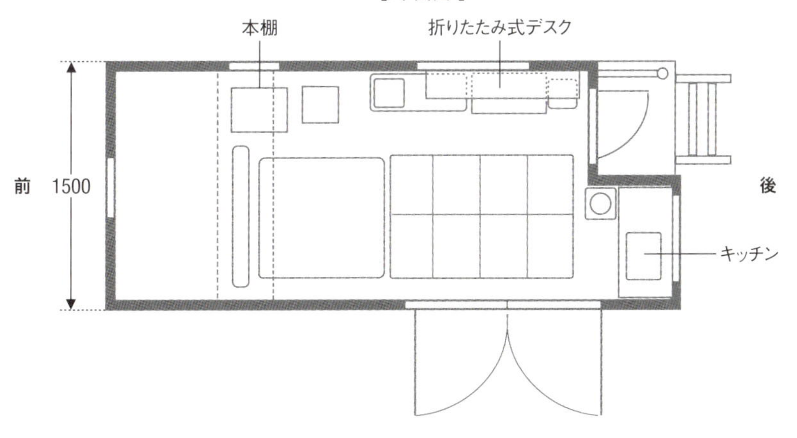

＊単位は㎜

ピエールさんと
慶如さん

すでに撮影の旅
は終わっているが
"waranihon"で検
索すれば現在の
ふたりの活動ぶり
が見られるかもし
れない

自宅の離れとしても活躍

日産／シビリアン(1995)

かなりやれていた外装をタカラ塗料のミルクティーベージュ色で再塗装し、大きく若返らせた

走って日本を縦断したり、ロサンゼルスからボストンまで横断したり、自転車でアメリカからカナダにかけて1万3000㎞の旅をしたりとアクティブな生き方をしているジャップ・ブラウンさんは、白馬のスキー場に住み込みで働いていたころ、気分が盛り上がる“ホーム”が欲しくなり、自分でキャンピングカーを作ることに。ベース車として中古のマイクロバスを入手すると、職場の駐車場に停めて座席を取り外すことから始め、途中で冷蔵庫やソファを積み込んで寝泊まりしながら改装を進めた。住みながら室内を作り込んだからこそ、実際の暮らしに必要な装備を必要な位置にレイアウトでき、快適なホームを作ることができたという。さらに日本語の読み書きができないにもかかわらず、8ナンバー登録もユーザー車検もDIYで成し遂げたというのには驚くばかり。「やればできるよ」というジャップさんの言葉は説得力に満ちている。

そうして完成した旅車に、現オーナーの伊藤靖史さんが出会ったのは宮城県のキャンプ場。角張ったフォルムをリフトアップした外観に好印象を持ちつつ覗き込んだ車内の光景に、今も忘れられないほどの衝撃を受けたそう。そこには車の内装に対する想像をはるかに超えたウッディな居室があった。バスならではのワイドな窓がキャンプ場の木々や常設のノルディスクテント、ファイヤーサークルを映し出し、まるで海外を旅するバンの中にいるような錯覚に陥ったのだとか。そして「この車を手放すつもりなんだ」とジャップさんが告げたとき、10代のころからキャンプに親しんだ伊藤さんの胸にあり続けた「いつかキャンピングカーを持てたら」という憧れが明確な形を帯びた。やがて、ネパールの山奥に学校を作るプロジェクトを始めるジャップさんから伊藤さんへと、遊び心の結晶である手作りキャンピングカーが受け継がれることになった。

2代目オーナーとなった伊藤さんは、サビが目立つ車体を塗り直してリフレッシュするとともに、車内木部もワックス塗装でグレードアップ。消費電力がかさむ冷蔵庫は降ろし、空いたスペースには座席を追加。その位置の床下にあるバッテリーのメンテナンスがしやすいよう、簡単に取り外せる構造としている。そのほかにもカーテンや照明、細かい装備を使いやすく好みに合うものに変更して、自身と家族が快適に過ごせる空間へとマイナーチェンジを果たした。

以後、長らく憧れていたキャンピングカーライフを謳歌する伊藤さんだが、その時間はキャンプに出かけている間に限らない。自宅の駐車場に停めているときも離れとして活用することがしばしば。週末はお子さんと泊まり込み、発車しないままに胸躍る夜を過ごすことが定例となっている。また、フォトグラファーでありデザイナーである伊藤さんはモニターなどを持ち込んで仕事相手との打ち合わせに使うこともあるし、同じデスクでお子さんが勉強に励むこともある。気分が盛り上がる“ホーム”として作られたキャンピングカーは、面目躍如、単なるキャンプや旅のツールに留まらない活躍を見せている。

車内の後方から見た様子。写真奥の壁の向こうに運転席がある

居室と運転席を仕切る壁には出入口がつく。ドアは、引き戸と幅が小さい開き戸を組み合わせたもの

車内の最後部に高床式のベッドを製作。幅1.6×長さ1.8mのダブルサイズのマットレスを載せている。
手前の天井に渡したロープは天井板の継ぎ目を隠すことを兼ねた装飾

一家5人で宿泊するときは床にコットを広げ、さらに右ページの製作中の写真のように天井にハンモックを吊るす

ベッドの足もと側に設置した本棚には、とくにお気に入りの本を並べている。手前の天井につく黒い金具はハンモック用

ベッドの床がリアトランクの天板を兼ねる。トランクを開けて覗き込めば、ベッドの床裏に仕込んだ断熱材（スタイロフォーム）が見える

ベッドを作りつける前に周囲に断熱材を詰めている。
壁にはスタイロフォーム、天井にはグラスウール

ベッドに上がるためにソファを兼ねる踏み台を設置。
クッションの下は収納ボックスになっている

壁面に合板を張ってから角材で高床の骨組みを製作。
床の裏面にスタイロフォームを詰めている

天井に1×4材を張ってから、左右に仕切り壁を作るため、骨組みを追加してスギ板を張った。仕切り壁により適度な籠もり感がある就寝スペースになる

出入口付近の天井にはチェアハンモックを吊るすための金具を装備。眺望がいい場所に車を停めてドアを開け放し、このハンモックにくるまって過ごす読書時間が至福なのだとか

当初、キッチンカーとしての使用も想定したそうで、キッチンには小さめのシンクが3つ並び（さらに対面のカウンターデスクの端にもひとつシンクがある）、現在はそのうちのふたつを使う。シンクがふたつあると、きれいなものと汚れたものを別のシンクに分けられて便利とのこと。右上の吊り棚に20ℓの給水タンクを置き、重力により蛇口へ水を送る

キッチンキャビネットの内側。扉の上にマグネットで固定する充電式バーライトを設置。センサーつきで扉を開けると点灯し、いつでも内側がよく見える。棚板には滑り止めシートを敷いている

キッチン製作中の様子。勾配をつけて壁際に設置した排水ホースに各シンクからの排水ホースを合流させている。排水も給水と同様に、高低差により生じる重力を利用したもの

リアトランク内の右側に排水タンクを載せている。左写真のキッチンを通る排水ホースがこのタンクまで伸びている

キッチンの対面には幅1500㎜の集成材を天板にしたカウンターデスクを設置。写真奥に、この旅車で使う電力をまかなう2台のポータブル電源が見える。Ankerの213Whタイプは主にスマホの充電に使い、Jackeryの1002Whタイプにその他の電子機器をつなぐ

カウンターデスクの端にはボトルオープナーを固定。これだけのことで瓶ビール好きは楽しくなってしまうはず

板の端に山や木、テントを切り出している。気分が盛り上がるホームとは、こういうこと

ソファの前に設置したテーブルの支柱は、廃品のブロワーと塩ビパイプを組み合わせて製作。天板の裏面に固定した塩ビパイプ用のキャップと支柱を接続する。簡単に着脱できるので、用途に応じて手軽に天板をつけ替えることができる

車内の照明は、壁と天井が接するコーナーあたりに這わせたストリングライト

伊藤さんがジャップさんから受け継いだ直後の様子。このあと冷蔵庫を降ろし、空いたスペースに座席を追加した

冷蔵庫があった場所に追加した座席は、3面の壁に固定した角材にスノコ状に組んだ座板を載せ、クッションを置いたもので、手軽に取り外せる。普段は座面下にバスケットを収めているが、床を開けてバッテリーをメンテナンスするのも容易

ジャップさんが購入したときの状態。いたってノーマルなマイクロバスだった

壁や天井の内張りだけでなく床もはがすところからキャンピングカー作りがスタートした

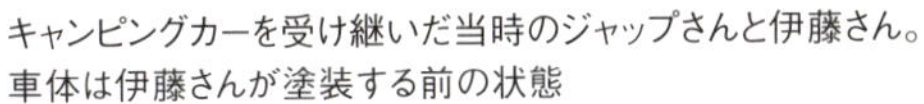

キャンピングカーを受け継いだ当時のジャップさんと伊藤さん。
車体は伊藤さんが塗装する前の状態

伊藤靖史さん

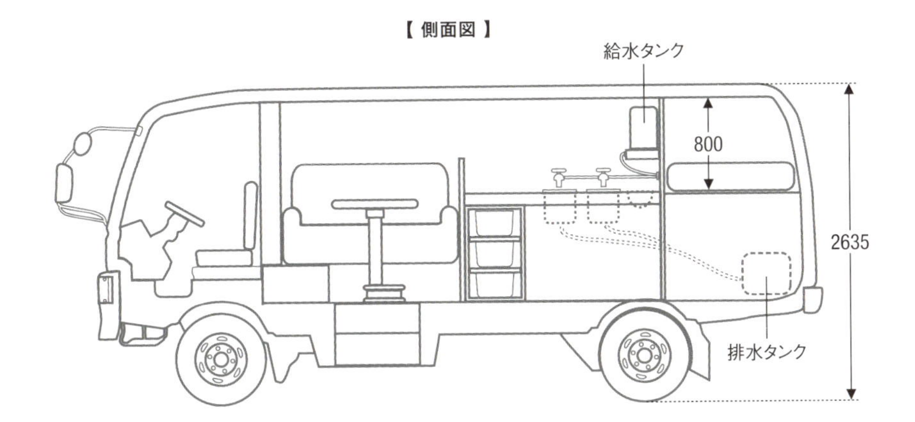

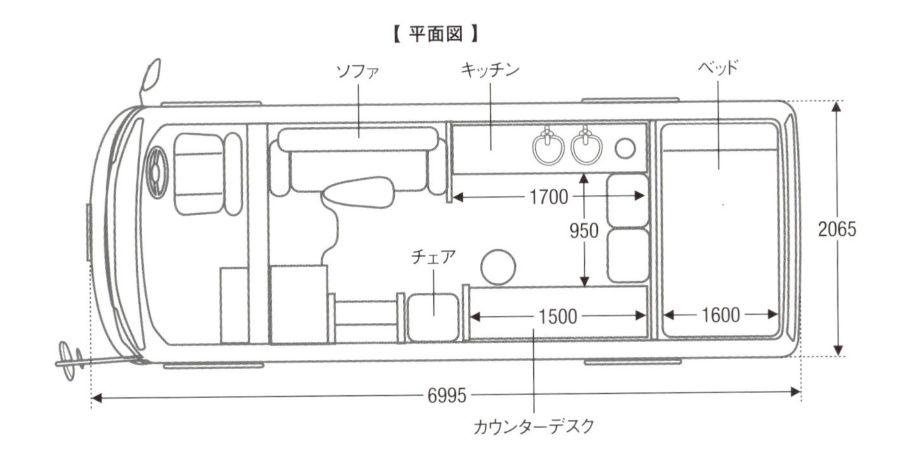

＊単位は㎜

コンテナをキャンピングシェルに

トヨタ／トヨエース(2005)

車体はローラーバケでカーキ色に塗装。アオリはボルト留めされていた鉄板をはずし、1×4材3枚を金具で連結した木製パネルを留めた。コンテナの外寸は幅1840×長さ3200×高さ2000㎜で荷台にほぼジャストフィット。製作期間はおよそ3カ月。車両、コンテナともに中古で、それぞれ120万円、21万円。内装の材料費は約30万円

車中泊で日本一周を果たそうと思い立った大和賢二さん、美沙季さん夫妻は、まずシボレー・エクスプレスをキャンパーに改造して旅を始めたが、車の調子が悪くなり、新たな旅車を作ることに。最初の経験からバンでは自分たちが求める車中泊のスタイルには狭いことが判明しており、入手したベース車は路線型バスと7人乗りのダブルキャブ2tトラック。大幅なサイズアップのみならず、一挙に2台体制というなんとも大胆な展開だ。その理由は、ひときわ大きいバスを理想的な旅車に仕立てるまでに数年がかりとなることを覚悟したため、その間にも車中泊旅ができるようにトラックを手に入れた、という実にエネルギッシュなものだった。

バスの改造と車中泊旅を同時進行で楽しむために、トラックベースの旅車はなるべく効率的に作りたいと考え、思いついたのがコンテナを利用してキャンピングシェルを作るプラン。鉄のフレームにアルミのパネルがリベット留めされたコンテナは、気密性が高くて雨漏りの心配がないという点では、とても実用的。断熱材が入った保冷車用のコンテナなら、より高性能だが、大和さんはあえて断熱材が入っていないタイプを選んだ。複数の窓や換気口を取りつけたいため、後者のほうが加工性がよく作業がはかどるだろうという判断だ。もちろん、薄いアルミ板がむき出しの天井は夏の直射日光を受けると素手では触れない熱さになるくらいだから断熱施工は必須で、夫妻はDIYで対応。それでもシェルをまるごと作ることに比べれば、設計や製作にかかる日数を大幅に短縮できたことは間違いない。

また、内装の作り込みに専念できたことは、きっと快適性の向上に結びついてもいるはず。室内高が約185㎝あるため歩いて移動できる室内は、壁と床を木装して天井は漆喰風に仕上げ、外装とはがらりと異なる温もりを感じる雰囲気。ダイネット（リビングルーム）兼ベッドルームとキッチンに区分けしており、ダイネット兼ベッドルームにはテレビや冷蔵庫、そしてキッチンにはIHクッキングヒーター、電子レンジ、オーブントースター、電気ポットと電化製品が充実している。電力を供給するのは150W×4枚のソーラーパネルと3072Whのポータブル電源で、十分な容量があり、それらの電化製品を自宅にいるときと同じ感覚で使うことができる。

「もともと日本一周のための手段として始めたキャンピングカー作りですが、だんだん作ることそのものが楽しい目的になっていきました」と言う賢二さんは、外観からは想像できるはずもない機能的な居住空間に満足気。いや室内だけでなく、シルバーのコンテナを積んだトラックという運送業者に見えなくもないルックスだって、“和製エアストリーム”と洒落たキャッチフレーズを与えて愛着を深めている。

コンテナ前方にあるダイネット兼ベッドルーム。床は30㎜厚のスギ板、壁は9㎜厚のスギ羽目板で木装。天井は5.5㎜厚の合板に、漆喰風に仕上がる水性シリコン塗料を塗っている。メタリックな外装とのギャップが面白い

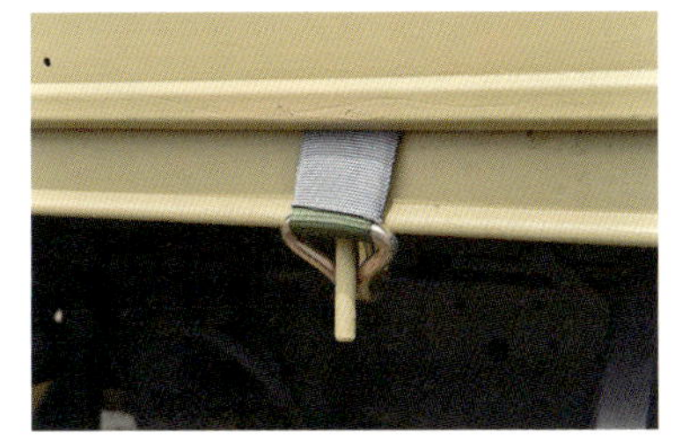

ラッシングベルトをコンテナの底のフレームに通し、またはドアのヒンジに引っかけ、荷台に固定。屋根にベルトをかけると雨流れのためについている勾配を変形させて雨漏りするおそれがあるそう

コンテナ右側の大きい窓がダイネット兼ベッドルームのもので、左側はキッチンの窓。開口部の切断にはジグソーを使用

01 ダイネットからベッドルームへの変換手順。リビングの状態では、壁際に立てたテーブルの脚に、天板裏面の桟を掛け金で固定している

02 テーブルの脚から取り外した天板を、写真手前のソファの横の空いているスペースにはめ込む。折りたたみ式金具を介して天板裏面に固定しているテーブル用の長い脚をたたみ、ベッド用の短い脚を立てておく

03 奥のソファの座面に組み込んでいるスライド式の寝台を引き出す。ソファのクッションを動かさずに引き出せる

04
背もたれ用のマットレスを天板と引き出した寝台に載せれば、幅1800×長さ1900mmのベッドの完成

座面と背もたれのマットレスは自作。OSBにチップウレタンフォームと低反発ウレタンを載せ、それらをくるんだ合成皮革シートをOSBの裏面にステープルで固定している。厚さは60mm

ソファの下に冷蔵庫を収め、スライドレールで引き出して使用する。その奥にFFヒーターの本体を配置し、側面に温風吹き出し口を設けている

コンテナ後面のドアを開けてすぐの位置にキッチンを製作。天板下の右側に容量3072Whのポータブル電源、BLUETTIのAC300＋B300が収まる。最上部の棚には電子レンジ

正面の壁には調味料用の棚や調理器具用のフックを作りつけている

キッチン天板は集成材で、撥水性があるウレタンニスで塗装。右奥にあるのは天板で目玉焼きやウインナーが焼けるコイズミのオーブントースター。その上には換気扇を設置。P52の外観写真の壁面に見えるものと同一

引き出しにはIHクッキングヒーターと食器を収納。走行中に開かないようロックつきのスライドレールを使用

シンク下に給水タンク（20ℓ）と排水タンク（30ℓ）が収まる。ペットボトルの水など給水タンク分以上の量を廃棄してもあふれないよう排水タンクをより大きいものにしている。給水には電動ポンプを使用

タイル柄の壁紙を張ったキッチン左側の壁は、スチールドアの裏面でもあり、マグネットつきの容器を張りつけられる

キッチン背面の壁に取りつけたハンガーフックは、使わないときはたためるので安全でスマート

ドアを開けたところに作りつけた薄型のシューズラック。靴の収納にも壁面を有効活用

使うときだけ引き出す物干しロープ。張るのも片づけるのも手軽

キッチンとダイネット兼ベッドルームの境界は半分ほどを壁で仕切っており、カーテンを引けばほぼ全面を仕切ることができる

屋根には150Wのソーラーパネル4枚、マックスファン、テレビ用アンテナを固定

間仕切り壁のダイネット側に32型テレビを設置。その右側に見えるのは一酸化炭素警報器

購入時のコンテナ内部。壁は白い合板がフレームにビス留めされ、天井はアルミ板がむき出し

合板を取り外した後、まずは遮熱、断熱、防音効果があって結露も抑えられるという住宅用の断熱コートを塗った

内装の下地として1×4材をスチールのフレームに600㎜ほどの間隔でビス留め。その後、窓や換気扇を取りつけてから住宅用ポリエステル系断熱材（パーフェクトバリア）をすき間なく詰め込んだ

断熱材にアルミシートを重ねて断熱施工は完了

大和さん夫妻と2歳の葉月ちゃん

観音開きのドアは片方を自作の木製ドアに交換。アオリを閉じたまま出入りできるよう内開きにしている。出入りするときに使う踏み台は、荷台の最後部にできた小さなすき間に収める

【 側面図 】

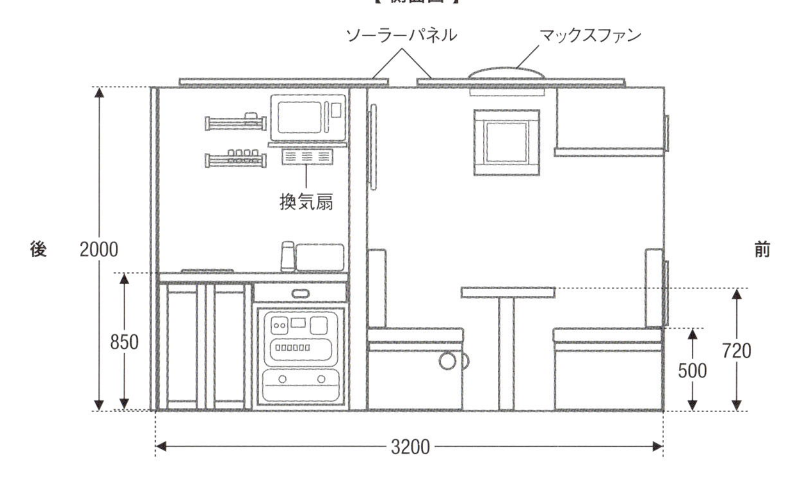

【 平面図 】

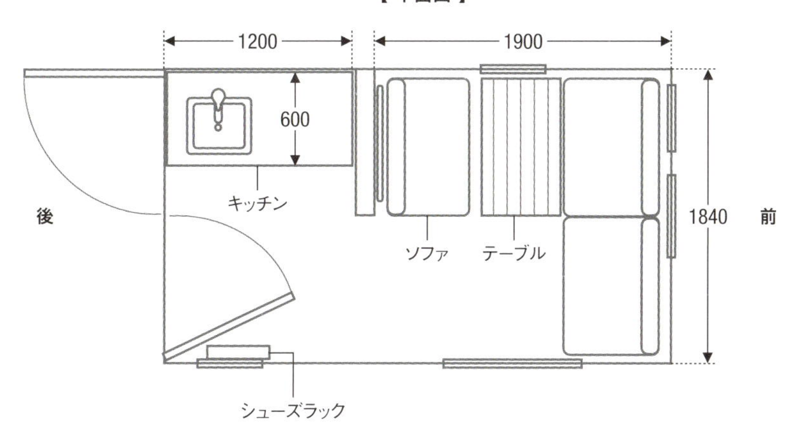

＊単位は㎜

幼稚園バスを動く別荘に

日産／シビリアン(2010)

利春さんが広子さんに相談せずネットオークションで落札した元幼稚園バス。「その色(P66参照)のまま家に置かないで。すぐに塗装して」との広子さんの指令により、ルーフ以外を3コート塗装するのが最初の作業となった。近隣で営む80歳の塗装職人が渋るのを利春さんが「自分も手伝うから」と説得して遂行。車内を含む製作期間はおよそ1年半。車両は約69万円で、改造材料費は約180万円

定年後は自作のキャンピングカーで旅をする“動く別荘”暮らしを楽しもうと、ネットオークションで幼稚園バスを落札した神谷利春さん。まず運転席を除く座席を撤去し、幼稚園バスならではの座席部分が1段上がった床をフラットにできないかと構造を確認したが、どうやら手の施しようはないらしく断念。ただ、妻の広子さんの両親と旅行することもあり、幼児向けについた段差は高齢者も乗降しやすいという利点ともなった。また後面のドアが非常口であるため、内側からしか開けられないのもバスならでは。それでは不便なうえに、外側からはカバーを叩き割って緊急時用のレバーを引けば開けられるから防犯上もよろしくない。そのため標準的な仕様に変更する部品を入手し、通常のドアへと改造を施している。

車内を作り込むにあたり、広子さんがリクエストしたのがトイレ。夜中に公共施設のトイレに行くのは不安だから装備しておくと心強い。夫妻そろって必須と考えたのはエアコン。利春さんは設置経験があるため、DIYでの取りつけも迷いなく実行できた。ベッドは素早く展開できて寝心地が良いものをと市販のソファベッドを選択。旅先の特産品が冷蔵品でも冷凍品でも保存方法を気にせず買えるようにと、あえて家庭用の冷凍冷蔵庫を積み込んでおり、おかげで土産の選択肢も広がったとご満悦だ。

旅を快適にする設備がそろう一方、これは失敗だったというのがシンクのサイズ。最初は「旅先でおいしいものを食べてこよう」という気軽なスタンスだったため、キッチンの性能を重視しておらず、キャンピングカーに登録変更するための構造要件を満たせばよしと最小サイズのシンクを採用したが、いざ旅に出てみると使用頻度が高く、小さいシンクは食器を洗うのが大変と痛感。炊飯器、ホットプレート、電子レンジと充実の調理器具に不釣り合いのため、作り替えを検討しているとのこと。

登録変更といえば、陸運局に方法を問い合わせると、素人には歯が立たないほど煩雑な様子。キャンピングカーとして登録変更ができなければ、せっかく手に入れたバスも使いようがなく、鉄クズになってしまうかもしれないと途方に暮れかけたが、打開策を探したところ、椅子の取りつけと登録変更だけを請け負ってくれる業者があることを知り、事なきを得た。

キッチンシンクと同様に、旅に出る前は収納の必要性も感じられなかったそう。これだけ広いのだから物はどこにでも置けばいいと思ったが、車中泊を始めてみると、決まった場所に物をしまうことがいかに実用的であるかを知り、収納を追加することに。そんなふうに改善を重ねて、幼稚園バスは“動く別荘”と呼ぶにふさわしい快適な居場所となった。夫妻は声をそろえるようにこう言う。

「宿を予約せずに旅に出られるのが本当に便利。予約しちゃうと雨でも行かなきゃいけないですしね。それに宿泊先が決まっていると、そこに合わせて旅程を急いでこなさなければならない場合もある。そういうことがない車中泊旅は、とても自由で楽しい」

車内は天井、壁、床をヒノキの羽目板で仕上げている。出入口の正面にダイネット、最後部にソファベッドと、くつろげる場所が2カ所。ダイネットの椅子はハイエース用で、ネットオークションで新品を2脚2000円で入手

ソファベッドの前には32型テレビを設置。まさに動く別荘と呼ぶにふさわしいラグジュアリーな空間となっている。テレビアンテナはポータブルタイプをマルチルーム内に設置している

ダイネットのテーブルは支柱から上を手軽に着脱でき、ソファの前にも設置できるよう支柱受け金具を床に固定している。天板はキャンピングカー用では小さすぎたため自作。エアコンは8畳用で性能は十分

テレビを使わないときは、回転するマウントにより縦向きにしまい、テープで固定する

ベッドにすると大人3人が就寝できる広さ。インテリアショップを巡り、室内幅にぴったりのソファベッドを探し出したそう

エアコンの室外機は床下に設置。アングルを組み合わせて作った吊り棚に載せている

出入口のわきに集成材で作ったキッチンを設置。引き出しと扉の開閉はプッシュ式で、調理器具とカトラリーを収めている

天板にはスライド式の拡張部を備える

最小サイズのシンクは水を周囲に散らさずに食器を洗うのが大変。大きいサイズへの変更が今後の課題

シンク下には給水タンクと排水タンクを収め、側板を切り抜いてタンクの残量を目視で確認できるようにしている。また壁際上部には靴棚を内蔵

シンク下の手前が給水タンクで、蓋に電動ポンプのケーブルとホースを通す穴をあけている

冷凍冷蔵庫と電子レンジは助手席の背後に配置。それぞれ本体をベルトで固定し、冷蔵庫は最初の走行中にドアが開いたためドアロックも取りつけている

ポータブルトイレを設置したマルチルームはスライドレールにより壁が伸縮。使うときだけ伸ばし、普段は縮めて邪魔にならないようにしている。P52～の大和さんがYouTubeで紹介したアイデアを参考にしたそう。縮めた壁と扉は走行中に開かないようベルトで固定。幅は620㎜で、奥行は最小500㎜、最大1000㎜

使用後に凝固剤で処理するタイプのポータブルトイレを設置。トイレを取り外せば収納などにも使えるためマルチルームと呼称

マルチルーム内を通る既存のエアコンダクトは、サニタリーグッズ用の収納に改造している

既存のエアコンダクトはダイネットの上のみ本来の機能を残し、他は収納に変更。頭をぶつけないよう上広がりに角度をつけたデザインが、見た目にもすっきりとした印象を与える

幼稚園バスならではの段差を収納に活用

出入口のステップの蹴込みは広子さんがモザイクタイルで装飾

ソーラーパネルはアングルを介してルーフに固定。キャンピングカーへの登録変更後に取りつけたため、再び構造変更の申請をせずに済むよう高さを40mm以内に抑えた

最初は320Wのソーラーパネル3枚と容量2048Whのポータブル電源、BLUETTI AC200MAXの組み合わせだったが、日照時間が短い冬に少し不足を感じたため、270Wのパネル1枚と拡張バッテリーとして3072WhのB300を追加。エアコンと調理家電との同時使用は避けるが、その他は気遣いなく電化製品を使えるそう

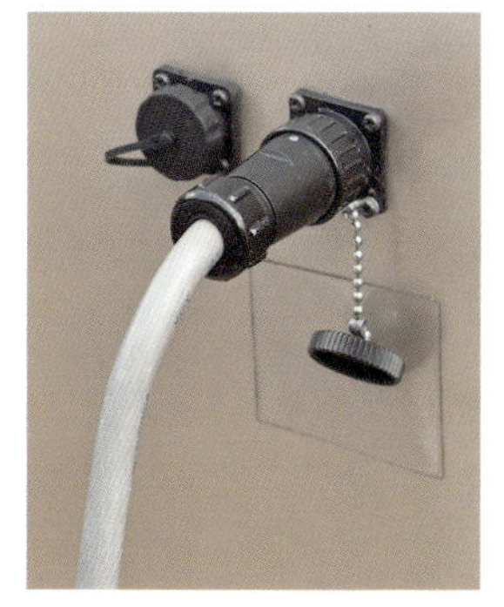

車体側面にふたつの接続口を設け、電力を出し入れできるようにしている。車が在宅中にソーラーパネルが発電した分は自宅に送電。旅車が発電所としても活躍している

電力会社からの電力と車からの電力の使い分けは、自宅リビングにあるスイッチを押して切り替えるだけ

購入時の外観。まさに幼稚園バス

運転席以外の座席を取り外したところ。もともと助手席はなく、登録変更のために業者に取りつけてもらうことになった

ソファベッド用のスペースは、通路と座席部分の段差を解消するため30×40㎜角材を渡してフラットな床下地を作った

床は断熱材（スタイロフォーム）を敷き、合板を重ねてからヒノキの羽目板で仕上げた。写真はダイネット部分で、ハイエース用の椅子をはめるための開口部をあらかじめ設けている

側面全体に広がる窓は一部を壁でふさぐことに。制振材、吸音材、断熱材、合板を張り、ヒノキの羽目板で仕上げた

天井はアルミシートで断熱。車体のフレームに留めた角材にヒノキの羽目板を張った

既存のエアコンダクトを加工しているところ。収納とする部分には黒いシートを張っている。右側のダイネット上はそのまま残し、手前部分はマルチルームの収納とするため切り抜いている

収納の扉の取りつけ方を端材でテスト。現物で確認しておけば失敗を防げる

車内ではダイネットで過ごす時間が長いという神谷さん夫妻

【 側面図 】

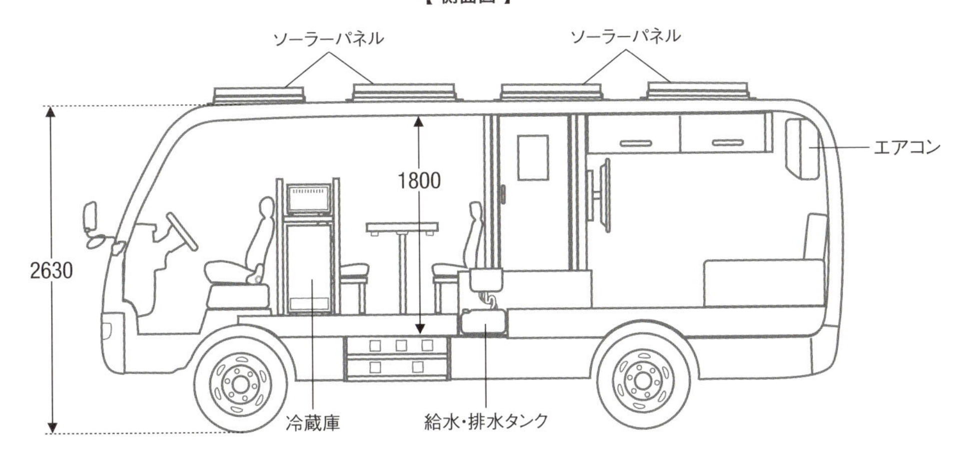

【 平面図 】

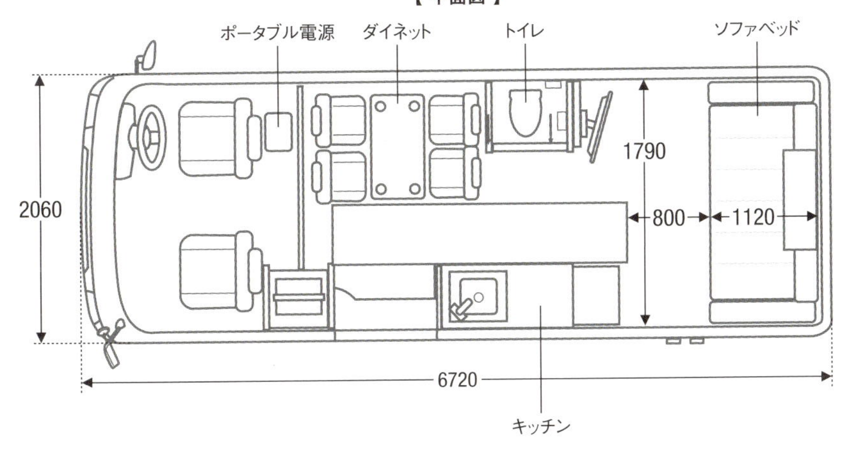

*単位は㎜

馬車をイメージした幌屋根

いすゞ／ロデオ(1991)

壁材はツリーハウスの解体材。古びた風合いが幌屋根になじむ

プロスキーヤーでありカメラマンである辻和之さんが、車で移動しながら暮らすようになったのは20年以上前のこと。冬になると、車中泊をしながらパウダースノーを求めて雪山やスキー場をつなぐように走ってきた。最初に乗ったのは三菱のデリカで、当時も生活しやすいように自身で改装を施していたという。

現在の愛車は、いすゞのロデオをベースに製造されたキャンピングカーを改造したもの。といっても、キャンピングカーメーカーが架装した部分は残っていないから、トラックのキャビンを生かして新たに作ったというほうが適切かもしれない。タイニーハウスビルダーのツリーヘッズ代表・竹内友一さんに協力をあおぎ、その工房に住み込んで相談しながら製作を進行。2カ月ほどかけて完成を見た。

長年にわたり車中泊旅を続けてきた辻さんが理想を追求したというキャンパーの構造は、衝撃的なまでに潔い。壁も床も廃材の板張りで、屋根は幌。馬車やヨーロッパの古い貨車をイメージしたそうで、納得の雰囲気を醸し出している。いちばん気に入っているところは、高さいっぱいに開く壁とのこと。景色がきれいな場所に車を停めたら、壁を開き、室内でくつろぎながら眺める。同じ場所に座りながら、見える景色は日々変わることが、旅車の醍醐味をダイレクトに感じさせてくれるという。

このキャンパーを見れば、辻さんが暮らしに要するものの序列がうかがえる。もちろん上位にあるのは便利な電化製品や、安心できる品質保証などではないだろう。

「旅そのものが楽しいことだけど、この車はそれをより楽しくしてくれる」

幌屋根の下でそう話すのが、あまたの夜を車とともに過ごしたベテランだからこそ、この旅車の素朴さがいっそう意義深く感じられる。

廃校のものを再利用した窓が壁に並ぶ。取材したのは、辻さんがこの車に乗って3年ほど経ったころ

キャビンの上に張り出した部分は全面が幌張り

壁の骨組みはスチールの40㎜角パイプを溶接して製作。その外側にすき間を空けてスチールのプレートを固定し、角パイプとプレートの間に相じゃくり加工をした壁材をはめている

後面の出入口の外側にポーチを設けた。靴についた泥や雪を落とすのに便利

室内には壁の骨組みの角パイプが露出する。床材は工場の床に使われていた廃材

壁に接していてもベッドに変えられるスイング展開式のソファベッドを採用。通常、辻さんはバンクベッドで眠り、ゲスト用や昼寝用としてソファベッドを使う

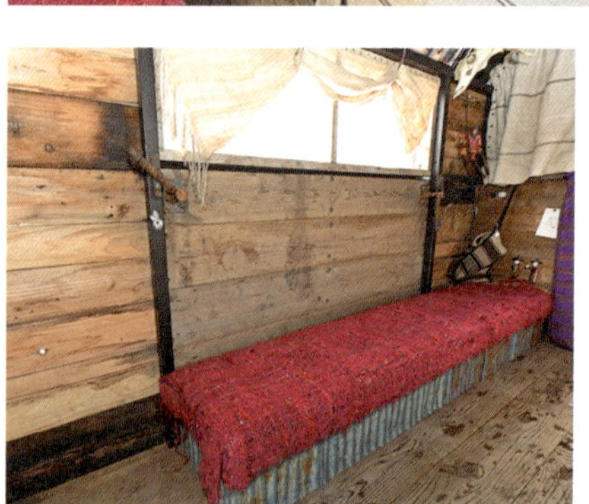

ベンチの側面は錆びたトタン波板。シェルと統一感のある資材使い

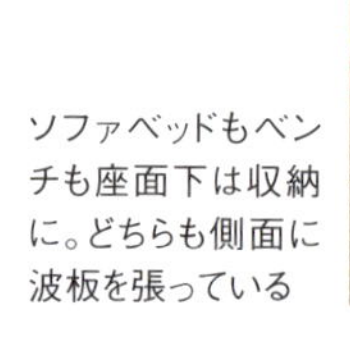

ソファベッドもベンチも座面下は収納に。どちらも側面に波板を張っている

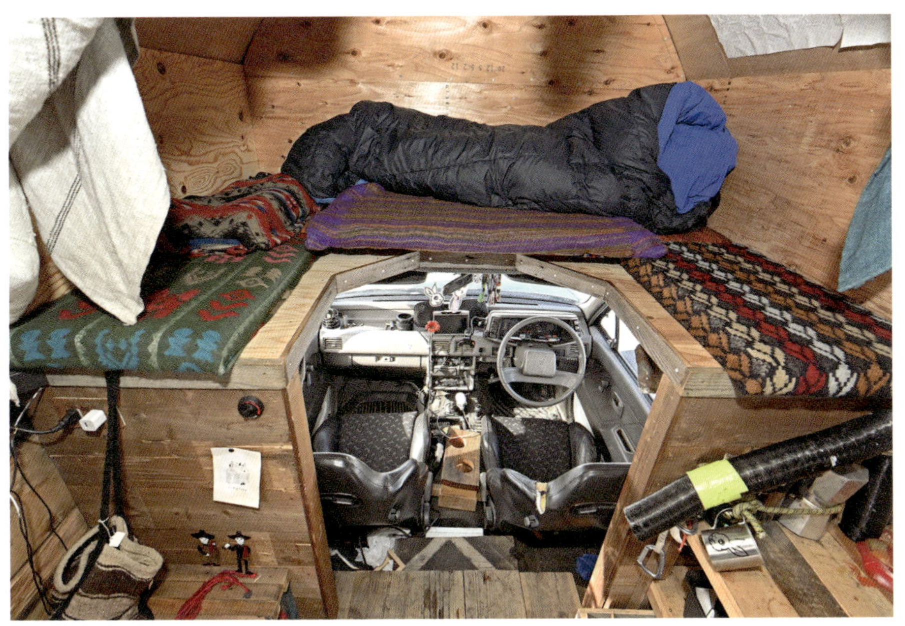

バンクベッドの床の一部は、運転席と行き来しやすいよう、普段は取り外している

バンクベッドのみ壁、床、天井に断熱材(スタイロフォーム)を入れ、内壁として合板を張っている。寝転んだときの目線の先に山地図を張り、これから滑る場所を検討する

幌の施工は、骨組みを含めて専門業者に依頼した

ソファベッドのわきにFFヒーターの温風吹き出し口がある。本体は床下のボックスに収めている

ドアもツリーハウスの解体材で製作

壁を開けると一気に開放感が出る。辻さんが絶対に実現したかったという機能。開口サイズは幅1550×高さ1400㎜

壁は上下2分割になっており、まず上壁を開けてステーで支え、続いて下壁を開ける。下壁は水平に開き、ベンチに座ったときの足場や、車外で過ごすときのテーブルとして使う

下壁の支柱。単管パイプの上端に溶接したコの字形の金具を下壁にはめる。ジャッキベースで上げ下げできるので、不整地でも水平に調節できる

修復不可能なほど傷んでいた既存のシェルを解体するところから作業がスタート

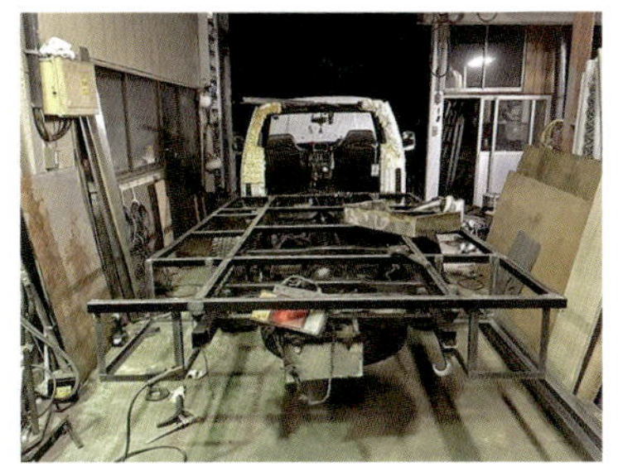

床から順に角パイプを溶接して骨組みを作った

辻和之さん

床のフレームには床板の下地としてコンパネを張っている

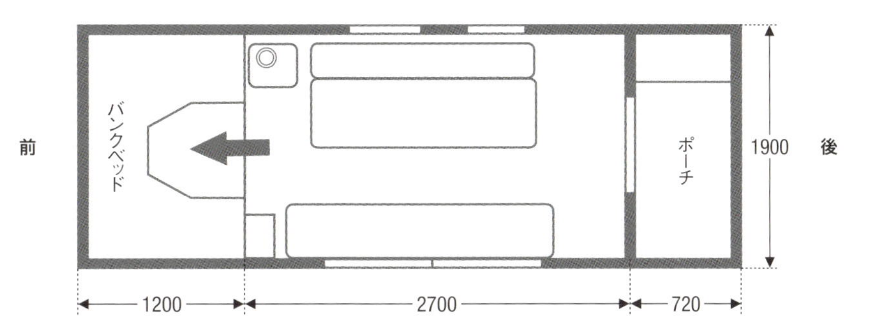

＊単位は㎜

工具を載せた旅車ビルダーの部屋

メルセデス・ベンツ／トランスポーターTIN(2003)

もともとリアゲート以外に荷室に窓はない

バンを車中泊仕様に改造するビルダーとして、多くのメディアやイベントに登場する鈴木大地さん。その活躍のきっかけは、まず自身のためにバンを改造したことだった。それは、大工として方々の仕事現場に出向くため、工具を積んだまま寝泊まりできる車があったら便利そうだという実用な理由で始まったが、まるで自分の部屋を好みのままに仕立てていくような、楽しみながらの旅車作りでもあった。

ベース車はメルセデス・ベンツのトランスポーターT1N。車を選ぶにあたって重要な条件としたのは、車内で立っても窮屈に感じないこと。長時間過ごす場所になるから、ストレスなく動けることが大切だと考えた。車を入手したら、居心地の良い空間とするため、居室スペースの壁と天井を木装。さらにベッドやテーブル兼キャビネットなどを作りつけて、デスクワークにもチルタイムにも睡眠にも不便のない部屋に仕上げた。このあたりの木工事は本職だから精度が高いのはもちろんだが、バランスがいいレイアウトやスマートなデザインは、その後バンライフビルダーとして活躍する由縁でもあり、鈴木さんのセンスが表れたものといえるだろう。

欠かすことができない工具は、ベッドの下に収納。室内で過ごすときには目に入らないから仕事モードから気分を切り替えやすいうえに、リアゲートを開けるだけで出し入れできるから仕事現場での準備や片づけがスムーズに進む。また搭載する太陽光発電システムが生産した電力は、車内で使うだけでなく、コンプレッサーなどコードタイプの電動工具にも使用。電源がない現場でも作業ができるのは大きなメリットだとか。つまり、旅車としてのみならず、大工の仕事グルマとしても優秀なのだ。

「想像以上に使い勝手が良くて快適だから、この車じゃなくて電車とかで移動するのが不安になるくらい。この車なら前夜のうちに仕事現場の近くまで行っておくにも便利だし、途中で気になる飲み屋があったら入ることもできますからね」

工具を載せた旅車は、これからの職人のマストアイテムかもしれない。いや、職人に限らず、仕事ができる機能を備えた旅車があれば、より自由な生き方が可能になるに違いない。

無塗装の木に包まれた心落ち着く空間。スライドドアの正面にテーブル兼キャビネット、最後部にベッドを配置。製作期間はおよそ3カ月。材料費は約50万円

ベッドから見える天井下のコーナーの棚にはスピーカーやスケートボード。部屋らしさが漂う

運転席と居室はカーテンで仕切る

24㎜厚の合板を使ったリカーラック。棚板の裏側に渡した麻ヒモにS字フックをかけて吊り下げ収納に

ベッドの足もと側に折りたたみ式の壁面棚を設置。ドア用のアームストッパーで支え、スライド蝶番で折りたたみ、ラッチで壁面に固定する

アンティーク感のあるトグルスイッチとコンセントが壁面につく

ベッド下の工具収納。車のリアゲートがそのまま収納の扉になっている

リアゲートも工具収納に活用。ゲートの内面にビスを打ち、帆布のウォールラックをかけている

室内から工具を出し入れすることもできる

リアゲートの窓にカーテンを引けば、いっそう安らぐ空間に。壁面をスクリーンにして映画鑑賞も可能

ソーラーパネルは屋根に穴をあけて直接固定し、コーキングで防水処理

サブバッテリー、インバーターなどはキャビネットの下段に収めている

【 側面図 】

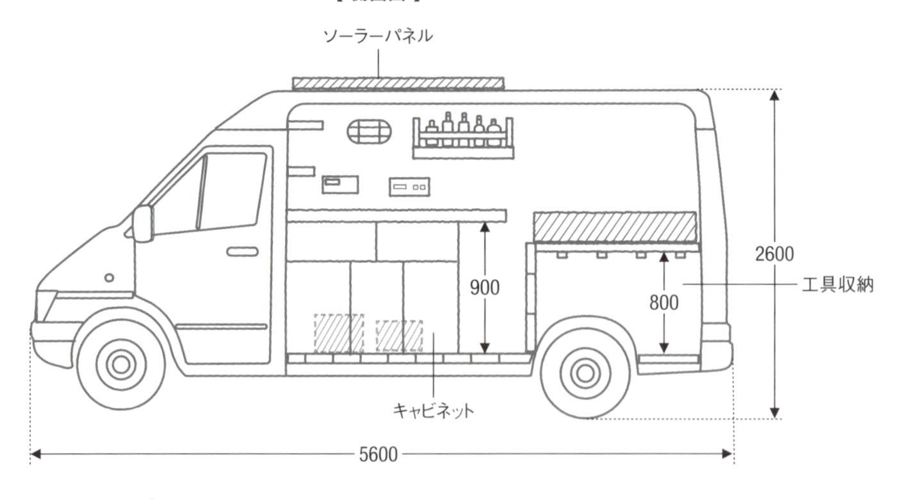

【 平面図 】

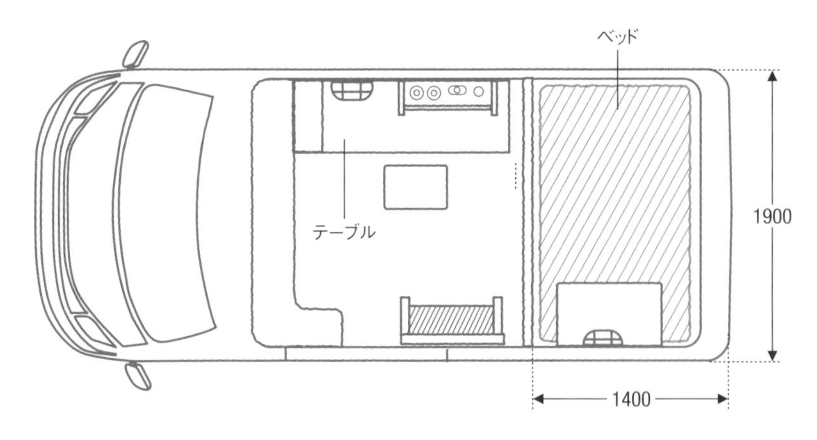

＊単位は㎜

まず天井と壁に断熱材がついた遮音シートを両面テープで張り、床を含む全面に12㎜厚の合板をビスとウレタン系接着剤で固定。天井と壁に9㎜厚のマツの羽目板をフィニッシュネイルと木工用接着剤で留めた。床は塩ビタイル仕上げ

鈴木大地さん

ヴィンテージトラックにハマる小屋

シボレー／ピックアップトラック(1936)

屋根を低く抑えた木製シェルがヴィンテージトラックの荷台に違和感なく収まり、プロポーションは絶妙。製作期間はおよそ5カ月で、材料費は約40万円

自動車メーカーでカーデザイナーを務めた伊藤潤さんは、根っからの創作好きで旧車好き。そんな伊藤さんが目一杯楽しみながらキャンパーを作るとこうなる。ベース車は独特のデザインを持つヴィンテージトラック。その荷台にふさわしいシェルを作るには一筋縄では行かないはずだが、見事なまでにしっくりとなじむ仕上がりとなっている。といっても、それは計算し尽くして導き出した成果ではなく、むしろ逆。

「設計図は描かないんですよ。作りながらああでもないこうでもないと考える。だから手間も増えるし、材料を無駄にすることもある。でもその作り方が楽しい」

全体を見ると1台の車として均整が取れているが、細部を見るとそれぞれの材料使いがユニークなところに、そんなアドリブ的な作り方がうかがえる。スキレットのガラス蓋を窓にしたり、S型スパナを取っ手にしたり、自転車のサドルとハンドルでバッファロースカルを作ったりと、独創的な物作りの集合体なのだ。そしてなんといっても創作の楽しさがわかりやすく伝わるのが、外装のスタイルを左右でがらりと変えているところ。一方がウエスタンバーなら、一方はビーチリゾート、どちらもヴィンテージトラックに似合うから面白い。

もちろん、ただの飾りとして荷台にシェルを載せたわけではなく、室内にはベッドやシンクがあり、旅車としての機能を備えている。広くはないが壁の大きな窓と天窓を開ければ開放感もある。そもそもベース車がヴィンテージだから長旅は想定しておらず、必要十分な車中泊空間といえる。

こんなに遊び心が詰まったキャンピングカーで旅に出かければ、肩の力も抜けて、自由を謳歌できそうだ。そして、すれ違う人々をも愉快な気分にさせるだろう。テイク・イット・イージー、そんな言葉が思い浮かぶに決まっている。

左側面はウエスタンバースタイル。大きな押し開き窓は、開けるとそのまま庇になる

愛嬌ある顔のシボレーピックアップがウッディな小屋を背負って現れたら、あたりはタイムスリップ

左右の壁が上に向かって広がる形状。出入口の外側にちょっとしたデッキスペースを設けている

デッキスペースはリアのアオリに載る。アオリを水平に保持するために自作のステーを取りつけている

右側面はビーチリゾートスタイル。アンティークな風合いの外壁は、焼き物を乾燥させるときに置く棚板だったもの。折りたたみ式の棚受けで支えるカウンターや船舶用の窓がつく

ウエスタンバースタイルに合わせた屋根材はアスファルトシングル。開閉式の天窓も自作。表面に和紙調の塩ビシートを張って曇りガラス風にしている

ビーチリゾートスタイルに合わせた屋根材は、パームサッチロールというヤシの葉を模した資材。その下にはスギ皮を葺いている

アオリに棚受けを介して固定したバーカウンターは、木口にロープを這わせて太鼓鋲で固定。その上に見える、窓を開けるための取っ手は、S型スパナに丸鋼を溶接して自作

ドアを開けたときにあたらないように、破風板をジャストサイズで切り欠いている

シェルの壁はアオリの内側に収めるのではなく、アオリの上に載せている。もともとアオリにあいていた四角穴に差し込んだ自作金具とシェルをボルトで留めて固定。また外側ではベルトを使って固定している

シェルの前面につけた窓。底を切り抜いたオーバル型のスキレットを枠にして、そのガラス蓋を窓にしている。向こうに運転席が見える

天井高は最大1500㎜の室内。シンクをはめたカウンターテーブルとベッドという必要最小限の設備

ベッドの土台はプラスチックのコンテナ。この上にジョイントマットを張った板を載せる簡便な構造

窓を閉じても天窓からの光で明るい。随所に収まる実用品の合間に遊び心が感じられる、狭いけれど楽しそうな空間

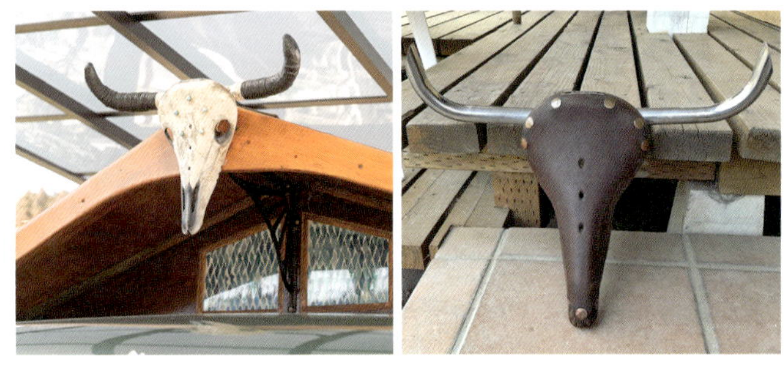

バッファロースカルは自転車のサドルとハンドルを組み合わせて製作

シェルをトラックに積み込む様子。単管パイプ製の架台に載せたシェルの下に荷台を差し込み、ジャッキベースで架台ごと下げて、シェルの壁をアオリに載せる

【 側面図 】

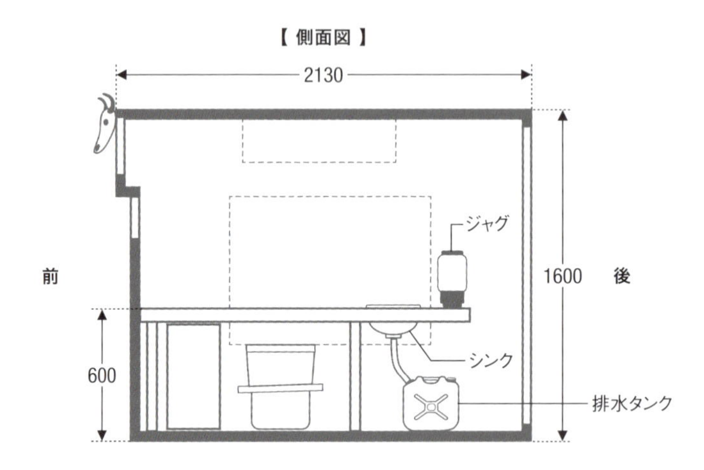

【 平面図 】

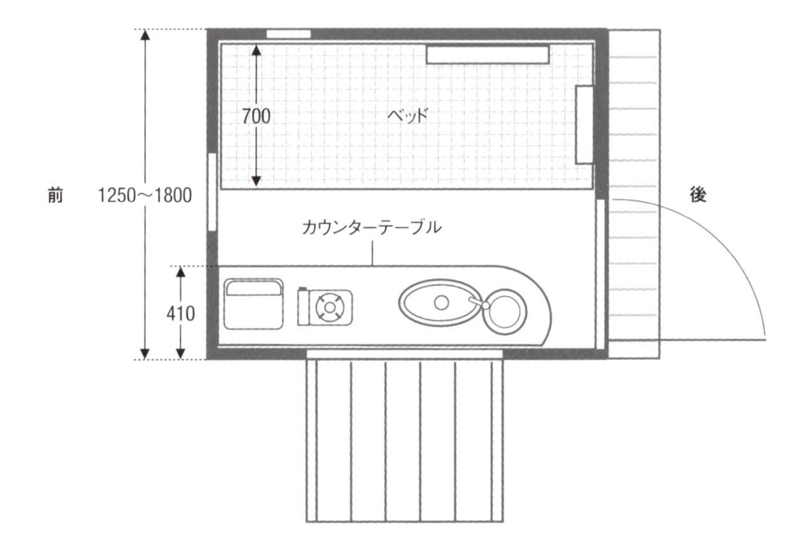

＊単位は㎜

最初は荷台の上にじかにシェルの骨組みを作っていった。設計図を描かないという伊藤さんらしい作り方

途中からは単管パイプ製の架台に載せて製作を進行。普段は隠れているシェルの前面はこんな感じ。窓のガラス蓋はまだはめていない

天井にはスタイロフォームをはめて断熱

昇降用の踏み台はデッキスペースに蝶番で固定しており、走行時は上に折りたたむ。すると後続車へのメッセージが。「Sorry! Dull Driving」

伊藤潤さん

気軽な湯旅に誘う相棒

マツダ／スクラムトラック(2019)

シェルはリアのアオリに収まるサイズ。左右前後4カ所をラッシングベルトでアオリに固定する。換気ガラリは茶色に塗装して外壁になじませている。製作期間はおよそ3カ月。材料費は約50万円

定年退職を数年後に控えた中塔昭晴さんは、その先の暮らし方の参考になるかもしれないと、地方のビジネスモデルの作り方を考えるワークショップに参加。見せてもらった資料に事例のひとつとして挙げられていた軽トラキャンパーに興味を持ち、自身のテーマを軽トラキャンパーの製作・販売に決めた。座学が中心のワークショップだったが、企画内容を練るうちに、今すぐにでも作りたい衝動に駆られてしまった中塔さんは、軽トラを所有していないにもかかわらず、自宅のウッドデッキでシェルを作り始めてしまったというから、入れ込み具合が伝わってくる。

デザインは小さな木造住宅をイメージしたもので、開口部の配置や断熱施工といった、あとでやり直すことが難しい基本構造は吟味して決定。一方、室内はニーズに応じてアレンジできるようシンプルな空間に。キッチンなどは設置せず、テーブルも着脱式とした。

ビジネス化の第1号として販売する予定で製作したキャンピングカーだったが、結局、その構想は実現しなかった。なぜなら、中塔さんは大病を患ってしまい、それにより価値観が一変したから。めでたく回復を果たしたとき、自作したキャンピングカーはもはや商品ではなく、自身の旅の相棒となっていた。本来探していた定年後の暮らし方に気づいたと言ってもいいかもしれない。

「会社勤めから解放されて、またすぐにビジネスをやることもないだろうと。それよりも自分で作ったキャンピングカーで旅に出たいと強く思ったんです」

販売用ならクセが強くないほうがいいだろうとプレーンな仕上がりとしていたが、自身で使うことになりマイナーチェンジ。1×4材を割いた細材を室内の上部や外装の前部に張り巡らし、立体的なストライプを追加した。また幸せや厄除けの意味があるという馬蹄と富士山を電動彫刻刀で彫り出し、ヘッドエンブレムとして取りつけた。そして後面では日本地図と“湯旅”の文字が、もっぱら温泉巡りを楽しんでいるという中塔さんのキャンパーライフを表している。

「思い立ったときにどこにでも気軽に行ける軽キャンは、自由の翼ですね」

自由の翼は、何がきっかけで手に入るかわからない。

着脱式のテーブルは左右の下窓(P88参照)の間に渡すため脚は不要。調理用の熱源はカセットコンロ、椅子は折りたたみ式のアウトドアスツールと装備をミニマムにすることにより、自由に使える空間を残している

湯旅の文字と温泉マークがこの旅車の主な目的を伝える。出入りの際はリアのアオリを開けて踏み台を使う

シェルの先端には馬蹄と富士山のヘッドエンブレム。なお軽トラを購入したのはシェル完成後1年ほど経ったころで、シェルのサイズを決めるためにレンタカーで採寸したのだとか

天窓は中空ポリカを3枚重ねたもので500×1400㎜。開閉式で、閉じたときはパッチン錠をかけるとともに、穴あきアングルにクギピンを挿して固定する。ランタンをかけるために窓の内側に長ネジを渡している

開口部より大きく窓を作り、さらに張り出すように波板をかぶせている。また屋根は前後に向けて雨水を流すよう勾配がつく。天窓を開ける角度は、長さが異なる突っ張り棒を使い分けて調節

直射日光を和らげたり遮ったりしたいときは布シェードをかける

壁の窓は、中空ポリカを3枚重ねた上窓と、メラミン化粧板の下窓に分かれる。上窓は篠竹で、下窓はワイヤーロープで支持。窓枠にスポンジシートを張って気密性を高めている。同じ仕様の窓が左右につく

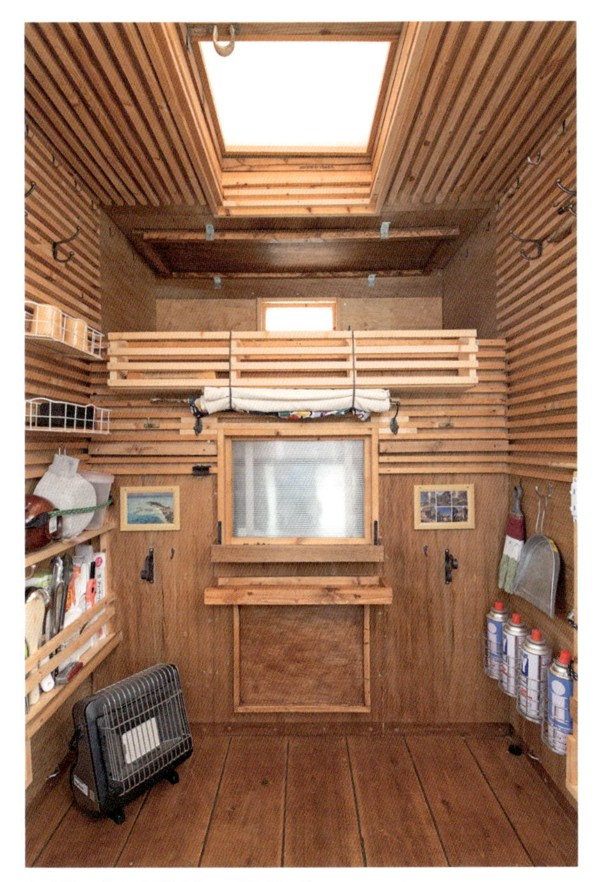

車中泊に必要な道具類は壁面棚に収めるか、スタッフバッグに入れて壁面に多数つけたフックに吊るす。テーブルを使わないときは天井に固定する

キャビンの上はバンクベッドではなく収納として使用。寝具や衣類などかさばるものを収める

P87のようにテーブルを使うときは、フレーム裏側の切り欠きと下窓の内面につけた金具をはめ合わせる

左側面。窓の上に換気扇がつく

右側面。下窓はマガジンラックとして使える

ひとり旅では必要ないが、2段ベッドにすることもできる。軽量化と下段の採光のために穴をあけた12㎜厚合板を3枚並べると幅1300×長さ1800㎜の寝台となり、上下で最大4人が寝られる。高さは上段820㎜、下段830㎜

前方2枚の合板を支えるのは、ルーフキャリア用のバー。スチール製で強度が高い

寝台用の合板とバーはシェル下のすき間に収めている。合板の端部の裏側につけた角材が、バーからずれ落ちるのを防ぐとともに、合板同士の継ぎ目を補強する

容量434WhのANKERのポータブル電源を使用。もしものときのために2台を車載する

停泊時はサスペンションやタイヤの動きによりシェルが揺れるのを防ぐため、単管パイプで揺れない高さまでリフトアップ。荷台裏側のフックにはめた単管パイプをジャッキベースを回して持ち上げる

中塔昭晴さん

【 側面図 】

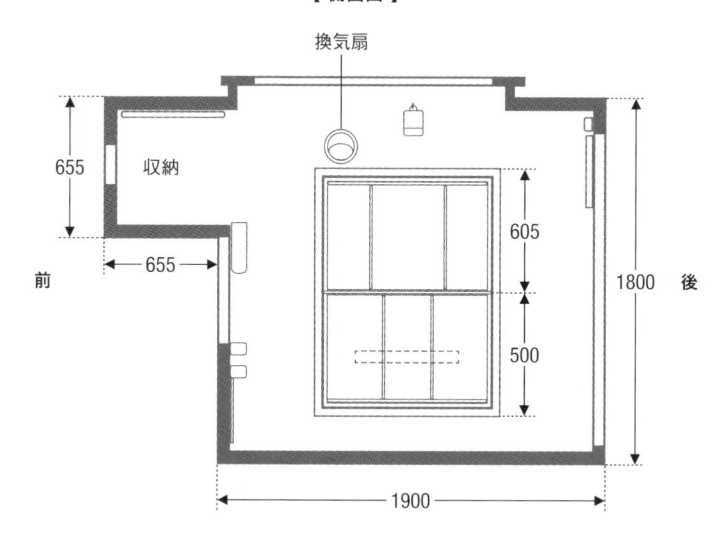

【 平面図 】

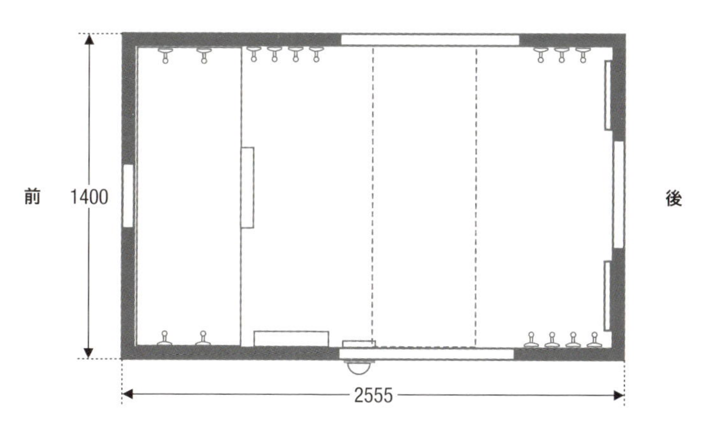

＊単位は㎜

快適な夫婦旅を叶える装備

三菱ふそう／キャンター(2010)

外壁はスギの羽目板でシルバーグレーに塗装。窓はアルミ二重サッシ。シェルの重量は約800kg

若いころから自然が好きで、子どもが巣立ってからも夫妻でキャンプを楽しむ石渡敦史さんだが、テント泊は腰への負担が大きいかもしれないと感じるようになると、それまで興味がなかったキャンピングカーが現実的な選択肢として浮上してきた。しかし、満足できるスペックのキャンピングカーは高価。だからといって、せっかくキャンピングカーを所有するのに妥協したくはない。では自作しかないだろう、そう結論を出すまでに時間は要しなかった。石渡さんは電気工事士であるうえに年季が入ったDIY派。快適な夫婦旅ができる旅車を作ってやろうと腕が鳴った。

成果はご覧のとおり。1.5tトラックの荷台に載せたシェルの室内は、パイン材にクロス壁、クッションフロアを組み合わせ、ホテルのように整っている。6畳用のエアコンがあり、テレビがあり、「料理好きだから気合いを入れた」というプロパンガス仕様の本格的なキッチンがある。電力をまかなうのは容量1260Whのポータブル電源、EcoFlow EFDELTA。エアコンを使用するにはポータブル電源だけでは2時間が限界だから、気兼ねなく活用できるのはRVパークやオートキャンプ場に滞在した場合に限られるが、それ以外に電力に関する不自由はない。また冬であれば石油ストーブをエアコンと併用することにより快適な室温を保てるから、どこであろうと問題ない。それはスチール角パイプを溶接したフレームに断熱材を詰め込んだ、しっかりとしたシェルの基本構造があってこそでもある。

エアコンの室外機をコンプレッサー、熱交換器、基板に分解し、それぞれを荷台の下に吊って収納するなど、電気工事士にしてベテランDIYerである石渡さんのテクニックが随所に見られる旅車の完成度はすこぶる高い。ネットオークションで落札したベース車は約54万円、エアコンなどの設備を含む材料費は約75万円、合計約130万円でこのキャンピングカーを誕生させたのだから、物作りに長けるということはやはり貴重だ。

「秋冬のオフシーズンに山奥の誰も来ないキャンプ場で過ごす静かな時間がたまらないんです。車内で料理を作るのも新鮮だし、テント泊と違って酒を飲んだあとに片づけないで寝られるのが幸せ」

以前は眼中になかったキャンピングカーも、今となっては最高の遊び道具。年齢を重ねてスタイルは変わっても、旅を楽しむことをやめない夫妻に退屈は訪れない。

後面の出入口から前方を見た様子。最奥にバンクベッドがあり、左手前にはキッチンがある。床面積を無駄なく使う機能的なレイアウトと、パイン材、クロス壁、クッションフロアを組み合わせた合理的な資材使いが、ホテルのような印象を与える。ダウンライトに間接照明と、ライティングもスマート

屋根材はガルバリウム鋼板。丸く曲げて前面まで伸ばしたさまが、マッコウクジラのような迫力と愛嬌を感じさせる

シェルのフレームであるスチール角パイプに穴あき金物を溶接。その金物につないだワイヤーを荷台下のフックにかけてシェルを固定している

後面にはテレビアンテナ、エアコンダクト、換気ガラリなどがつき、室内装備の充実ぶりをうかがわせる

バンクベッドは一角に板を追加すればふたりが寝られる。追加する板は24㎜厚の合板に木目調シートを張ったもの。3辺の端部を桟に載せ、ラッチで固定する

バンクベッドの下は収納。天井にはハンガーパイプをつけ、床には寝具などを収める。普段はカーテンで閉じている

ひとりのときは寝台を拡張しない状態でもOK。追加用の板を載せる桟が見える

作りつけベンチの座面下にポータブル電源を配置。ボックス内外の側面にコンセントを設置している

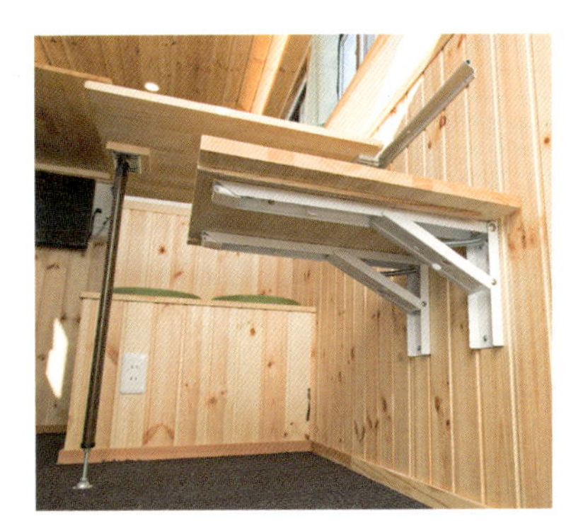

チェアは安全荷重100kgの折りたたみ式ブラケットを介して壁に固定している

ベンチの側面を開口してクーラーキャップをはめており、座面を上げずともクーラーキャップを開ければポータブル電源の状態を確認できる

テーブルの天板は、取りつけた金具を壁に留めたレールにかけて固定する構造。脚は折りたためる

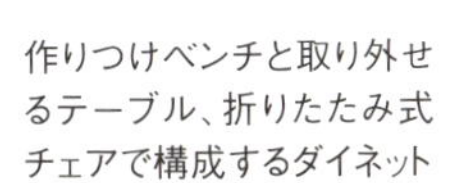

作りつけベンチと取り外せるテーブル、折りたたみ式チェアで構成するダイネット

シンク下に給水タンク、排水タンク、プロパンガスが収まる。給水には電動ポンプを使用

エアコンの室外機を荷台下に収めるため、コンプレッサー、熱交換器、基板に分割し、適切に配置して吊り下げている

深型シンクと2口コンロを備えるキッチン。周囲の壁には不燃性のキッチンパネルを張り、天井のコーナーに換気扇を設置

キッチンの左下には、ポータブル電源では電力をまかなえないときに使用する発電機を収めている。シェルの左側面に排気ダクトを備えた扉があり、設置台ごと引き出せる。後面には本体を動かさなくても操作できるよう換気ルーバーを張った窓を装備

タープを張れるようにシェルの側面にアイプレートを設置している。キャンプに慣れた夫妻には野外で過ごす時間も大切

石渡敦史さん

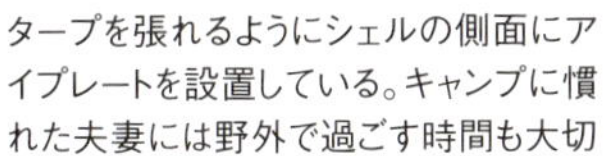

【 側面図 】

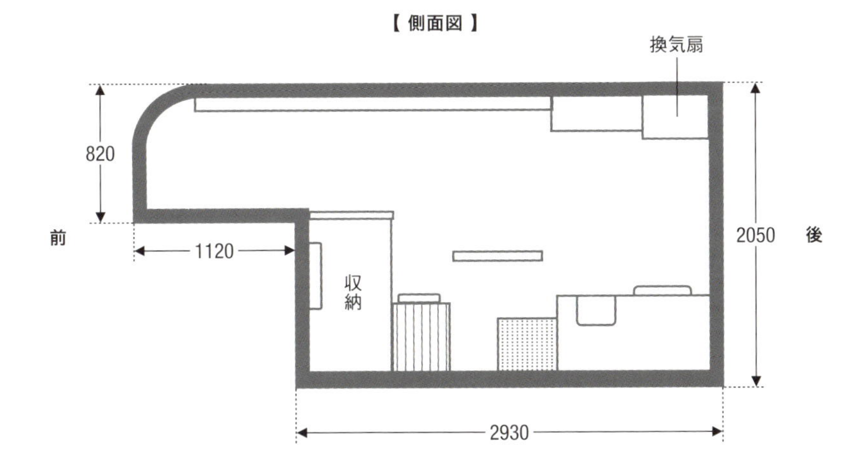

【 平面図 】

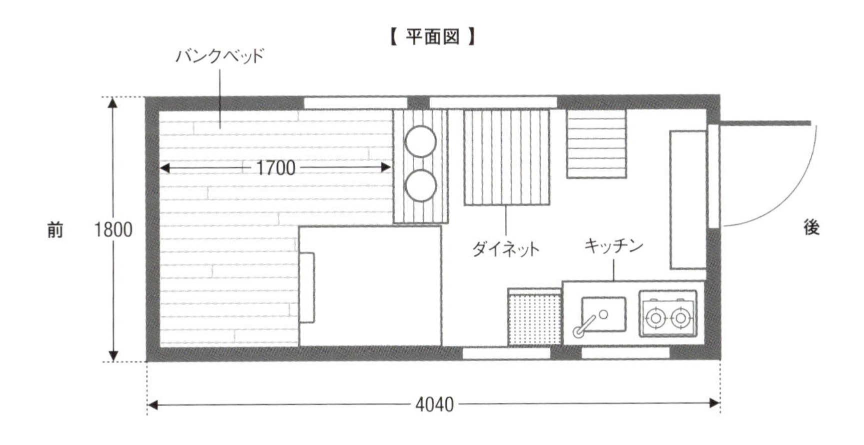

＊単位は㎜

自室と化した軽トラシェル

三菱／ミニキャブトラック(2002)

外壁材はウエスタンレッドシダーの羽目板。屋根枠の下につけたフックはタープをかけるためのもの。製作期間はおよそ2カ月。材料費は約80万円。運転席のドアには、このシェルに泊まった日数を表示している

“つながり”をテーマとする美術展に参加してほしいと知人から誘われた長竹真典さんは、何を作ろうかと考えているときに軽トラキャンパーを目にして釘づけになった。ただ面白いという感想にとどまらず、人の暮らし方を変え、ひいては社会を変える可能性を秘めているように感じたという。出展作品はほどなく決まった。いろんな人に意見を聞き、手伝ってもらい、つながりを大切にして作る軽トラキャンパーだ。そしてまた、展示を通して新たなつながりを生み出せたらと考えた。

シェルのデザインは、一般的に受け入れられやすそうなものを目指した。見た人にとって軽トラキャンパーが身近な存在になればと願うためだ。外装は茶色に塗装した横板張りでシンプルに。後面の出入口周りは、人が違和感なく訪れられるよう、住宅の玄関ポーチのような格好に。室内は板張りと珪藻土塗りを組み合わせ、窓を多く配して、日常的に使いやすそうな空間に仕上げた。

さて、美術展をおよそ2カ月後に控えた取材時、長竹さんはこの軽トラキャンパーに52泊したところだった。泊まった日数を運転席のドアに表示し、泊まるたびに更新しているから間違いない。そしてそれは軽トラキャンパーが完成してから2カ月ほどのことでもあった。約2カ月間で52泊、つまりほぼ毎日のように泊まっている。しかし、旅を続けているわけではない。毎晩、頃合いになったら家族におやすみを言って、母屋から自宅の駐車スペースに停めた軽トラの荷台へ眠りにいくのだという。このシェルが日常的に使えるものか実験している最中だったのだ。

それから5年近くが経ち、再び話を聞いたとき、宿泊日数は1746泊になっていた。経過した月日を計算すれば、相変わらず、ほぼ毎日であることがわかる。もはや完全に自室と化している。トイレに行くのが面倒といった不便もあるが、手を伸ばせば必要なものに届き、便利のほうが勝っているという。なにより、いちばんリラックスできる場所になってしまったのだとか。そして、こう教えてくれた。

「1畳半くらいしかない狭さだからだと思うんですけど、人が訪れると、お互いに心を許すしかないという感じになって、話が深いほうへ進むんですよね。そうしてつながりができていく。これまでの自分の経験を通して、軽トラキャンパーはまさにつながりを作る装置だってことが実証されたと思ってるんです」

壁際に設置した収納の扉を引き上げればデスクになる。そのままベッドとしても使うベンチは、P100のようにダイネットに変えられる。天井、腰壁、床はすべてウエスタンレッドシダーの羽目板で、壁の上部は珪藻土塗り。ギターや釣り竿といった趣味道具もあり、まさに自室といった雰囲気

デスクとして使う収納の扉を閉じ、ベンチ兼ベッドをテーブルと2脚のチェアがあるダイネットに変えた状態。テーブルの上の壁際に固定しているのは上段ベッド用の寝台と受け材

テーブルやベンチ兼ベッドの固定にはパネル吊り金具を使用。各部に取りつけたオスとメスをはめ合わせる。テーブル天板の固定は壁面上側のメスにはめ、ベンチ兼ベッドの場合は壁面下側のメスにテーブル天板用と脚用の板を並べて固定する。テーブルの天板と脚の接合にも同種の金具を使う

ベンチ兼ベッドにするときは、壁側と反対の端に受け材を固定する。上段ベッドの場合と同様に、受け材の両端にベッド金具をつけている。固定した板に椅子の背もたれ用のマットレスを載せれば完成

上段ベッドの受け材の固定に使うベッド金具。壁にオスを留めておき、受け材の両端につけたメスとはめ合わせる

上段ベッドを固定して友人とともに泊まることも少なくないそう。下段ベッドは後面外側に張り出した部分まで伸びており、長さは2m以上ある

シェル後方のチェアの座面下に100V仕様の冷蔵庫を収めている。側面にはバッテリーチャージャーとアイソレーターが見える

両側に留めた引き戸用のレールに沿わせて開閉する上げ下げ窓。窓につけたフックを上から垂らしたチェーンにかける方法により、開き具合を細かく調節できる

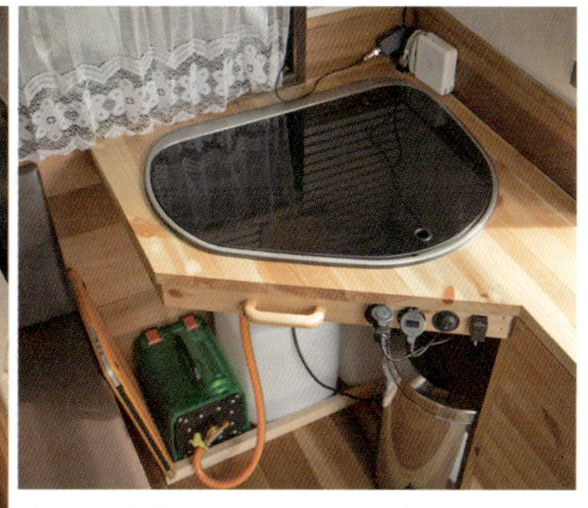

収納と一体化したカウンターにストーブシンクコンボを設置。ストーブには4本のボンベをセットできるガス供給器がつながる。給水は下のタンクから電動ポンプで。蓋を閉じるとほぼフラットになる

住宅の玄関ポーチのような後面。両側の支柱は自宅に生えていたカリン。踏み台は固定用のボルトを軸に回転して展開または格納する

左側面には押し開き窓が4つ並ぶ。シェルの荷台後方へのはみ出し寸法は約310㎜。地面から屋根までの高さは約2430㎜

後面の張り出し部分の下部はキャンプギアの収納スペース

キャンプギアを取り出すとサブバッテリーとインバーターがあり、その奥にP101の冷蔵庫が見える

屋根材はトタン平板。150Wのソーラーパネルを2枚備える。電気配線は詳しい友人にまかせた

製作中の様子。スギの30×40㎜角材で骨組みを作り、外側に5.5㎜厚の合板を張っている。シェルを支える単管パイプは、シェルにボルト留めした木製ブロックと一体化したパイプクランプに固定。これはシェルの積み下ろしの際にも使う方法で、このページの右上写真でも木製ブロックの固定位置にボルトが見える

長竹真典さん

タープを張った状態。長竹さんは若いころからバイクキャンプが趣味で、所有するギアはコンパクトにしまえるものばかりなので、シェルの収納スペースも小さくて済む

【 側面図 】

【 平面図 】

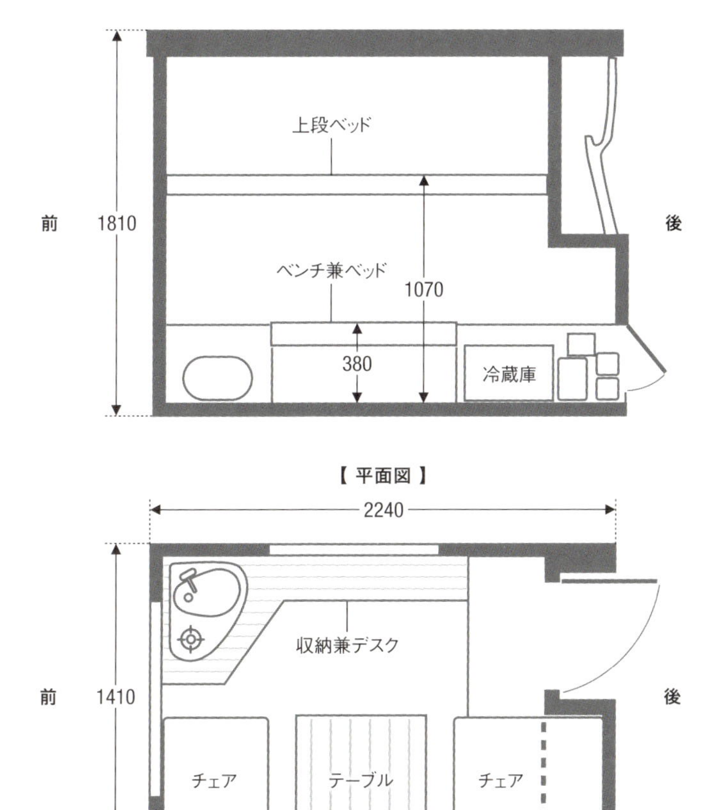

＊単位は㎜

走りやすさを重視したシェル形状

ダイハツ／ハイゼットトラックジャンボ(2014)

空気抵抗を意識したものであることが、ひと目でわかるシェルのサイドビュー。外壁材はガルバリウムのサイディング。ベース車と色をそろえ、一体感はとても高い。製作期間はおよそ1カ月。材料費は建築端材を多数使用して約40万円

「実は車中泊がしたいというより、キャンピングカーを作りたいという気持ちのほうが強くて作り始めたんです。いろんな手作りキャンパーを見たうえで自分が作りたいと思ったのは、軽トラのキャビンから自然につながる、一体感がある形のシェル。キャンピングカーだから走りにくくなるというのは避けたかった」

そう語る堤本光英さんは大工であるとともに、スピーカーやフィギュアなどの自作に夢中になる趣味人。すなわち凝り性なわけで、意欲的に取り組んだ軽トラキャンパーにもこだわりのアイデアがたっぷりと詰まっている。冒頭の言葉のとおり、空気抵抗を軽減するために考えたシェルのトップラインはその代表格。ガルバリウムでまとめた外装のメタリックな質感と相まって、鋭ささえ感じさせるシェイプだ。

シェルの形状では、外見ではわからない部分にも面白い発想がある。ハイゼットトラックジャンボは標準的な軽トラに比べてキャビンが大きい分、荷台長は1650㎜と短いが、両側の一部を除いてキャビンに食い込むように床を前方に伸ばすことにより荷台フロア長は1990㎜を確保している。堤本さんは、その形にフィットするようにシェル前面の下部を張り出させているのだ。張り出した部分は、睡眠時に足を入れる場所となる。そうして荷台フロアの面積を無駄なく使うことにより、リアのアオリの内側に収まるシェルでありながら、体を伸ばして寝られる空間を作り出している。

さらに前面の張り出し部分の幅に合わせて、アオリで隠れる下部の幅を狭めているのも特徴的。つまり下端から高さ300㎜弱までの部分は幅が上部より狭い。大ざっぱに表せば、凸を逆さにしたような断面形状で、左右の壁には段差が生じている。その段差の水平部分にシンクをはめているから、その下につなぐ排水タンクは室外に配置することになる。同様に、ゴミ箱の投入口は室内にあるけれど箱は室外にあるというユニークなシステムとなっている。

そういった独特の構造に、大工基準の品質を掛け合わせたのが、この軽トラキャンパーだ。壁には断熱材を詰めたうえで外壁の内側に静止空気層を設けた。窓は住宅用のアルミサッシ。オーク無垢材のフローリング、タイル張りや凹凸をつけた木ブロック張りの壁などで構成する室内には、まさに住宅のような雰囲気が漂っている。

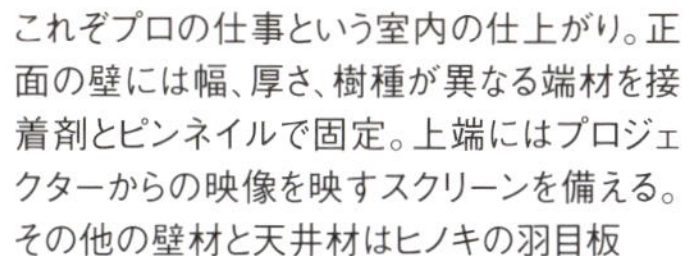

これぞプロの仕事という室内の仕上がり。正面の壁には幅、厚さ、樹種が異なる端材を接着剤とピンネイルで固定。上端にはプロジェクターからの映像を映すスクリーンを備える。その他の壁材と天井材はヒノキの羽目板

シェルの左側面にはカーサイドタープを装着

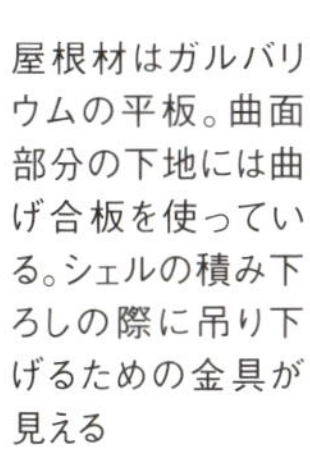

屋根材はガルバリウムの平板。曲面部分の下地には曲げ合板を使っている。シェルの積み下ろしの際に吊り下げるための金具が見える

製作風景。屋根に勾配をつけるため2本の材を組み合わせて骨組みを成形している。下部の幅を狭めている様子もわかる。骨組み材は27×60㎜のホワイトウッド

ハイゼットトラックジャンボの荷台。キャビンに食い込むようにフロアが前方に伸びており、左写真ではその部分に布団の端を潜り込ませている

就寝時の状態。前面の下部に潜り込ませるように布団を敷く

このようにシェルの下部は前面の張り出し部分に合わせて幅を狭めている。その下部のみ、薄さと強度を兼ね備える4㎜厚のアルミ複合板張り

就寝時以外は、前方下部の張り出し部分にキャスターつきの引き出しを収めている

荷台フロアの前端付近にエンジンルームの点検口があるため、シェルを載せたまま開けられるよう蓋を設けている

シェル下部の幅を狭くしたことによって
アオリの内側に空いたスペースは収納
に。右側にはポータブル電源を収める

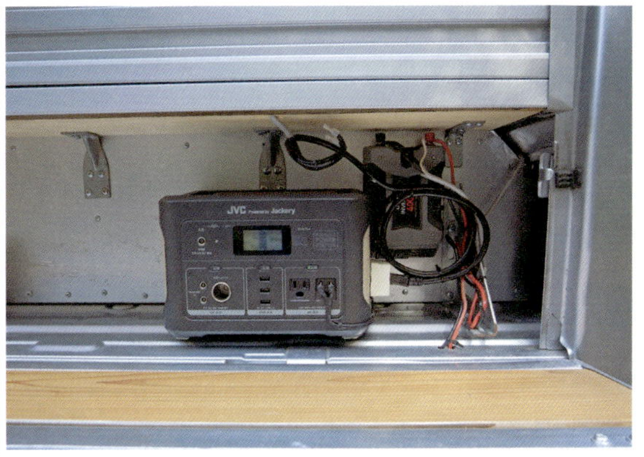

JVCケンウッドの容量626Whのポータブ
ル電源を使用。ケーブルをつないで室
内の壁面にコンセントを設置している

下部の幅を狭めたことにより壁に段差が生じており、
その水平部分にシンクとゴミ箱の投入口をはめている

左側のアオリを開くと右端
にゴミを入れる箱が。この真
上に室内の投入口がある

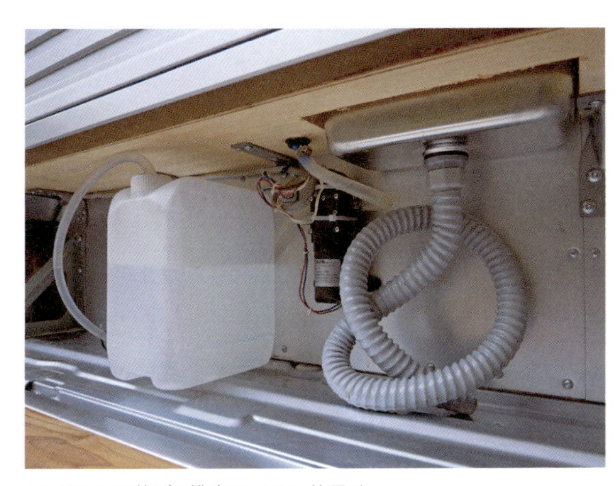

シンクの下に伸びる排水ホースは、使用時
に排水タンクに差し込む。左に見えるのは
給水タンク。電動ポンプを使って給水する

アオリを開いて水平に保つための
支柱はアルミの角パイプ。開閉用
のハンドルにはめて固定する

ドアの上に特注品のロールシェードを設置。角度は変えることができ、水平にすればドアを開閉できる

後面につけたドアは強化ガラスを使った特注品。リアのアオリには、鋼材の骨組みにハードウッドの床を張ったキャリアを取りつけている

左壁の吊り戸棚の端には換気扇のダクトが収まる。後面外側に見える換気ガラリにつながっている

リアのアオリの内側に板を張っており、開くとデッキに。またキャリアは靴棚になる

室内の後方を見た様子。ドア手前の天井にモバイルプロジェクタースタンドが見える

窓にはブラインドをセット

カーサイドタープを広げて車外で過ごすのも楽しい。開いたアオリがテーブルになる

堤本光英さん

【 側面図 】

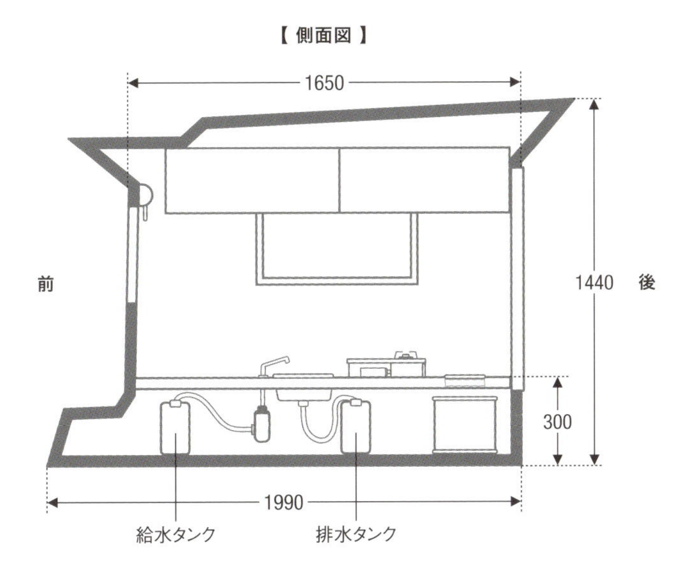

【 平面図 】

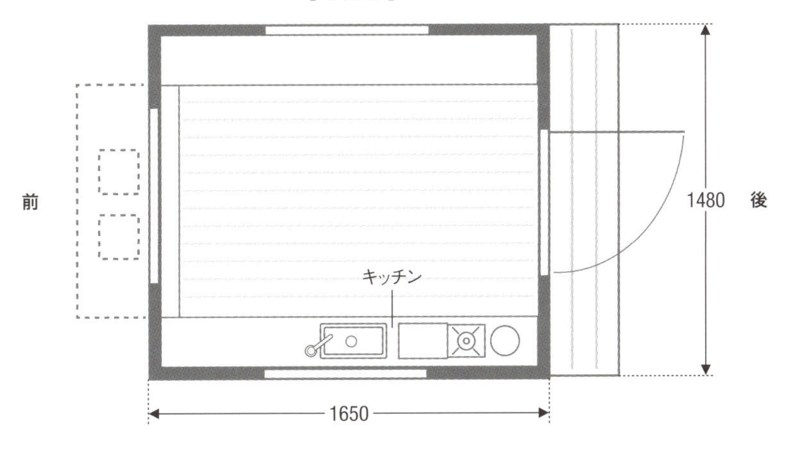

＊単位はmm

ダットサンと三角シェル

日産／ダットサントラック（1977）

外壁はスギの野地板を使った下見張りで、屋根にはガルバリウムの平板を張った。製作期間はおよそ半年。廃材も利用して材料費は約5万円

サーフィンを愛する中園隆登さんは、サンフランシスコのアーティストでサーファーでもあるジェイ・ネルソンが作ったユニークなフォルムのキャンパーに衝撃を受け、自分もオリジナリティがあるキャンパーを作ってサーフトリップへ、と胸が高鳴った。まずこだわったのはベース車選び。北米で1970年代に販売され、サーファーやヒッピーに人気を博したダットサントラック620のキングキャブを探し出してアメリカから個人輸入した。

理想的なベース車を手に入れ、その荷台にドッキングしたのは、断面が三角形のシェル。奇抜なフォルムだが、これが実によく似合っている。冴えたライトブルーのダットサントラックが醸し出す陽気なムードを増幅し、happy-go-luckyを体現するかのようなキャンパーに仕上がっている。

室内はシンプル、というよりラフで、それがまた波まかせのサーフトリップという目的にふさわしい気楽さを感じさせる。タイヤハウスをカバーするように両側に作りつけたベンチ、壁面を利用した収納と折りたたみ式の棚が設備のすべてで、眠るときはベンチの上に合板パネルを渡してベッドにする。

熊本在住の中園さんは、宮崎、鹿児島、天草などのサーフポイントを目指して2泊3日ほどのショートトリップを楽しむのが常。夜のうちに海岸沿いに車を停めて波の音を聞きながら眠り、窓から差し込む朝日で目を覚ます。コーヒーを淹れ、まずは窓越しに波をチェック。1本目の波に乗るまでの時間を、浮き立つ心をなだめるように静かにシェルの中で過ごす。

「自分の好きなようにしか作ってないから、居心地は最高です。起き抜けに窓から海を眺める時間の素晴らしさは、ちょっと言葉にできないですね」

軽快に遊ぶ大人と軽快なキャンパーが、彼らにしか見られない風景を眺めている。

後面のドアは上向きに開く。
床は1×4材で、アオリの内
側にも同じものを張っている

上に向けてすぼまり、屋根が低いシェルが、キャンパーとしては軽快な印象を与える

2㎜厚のアクリル板を使った窓は押し開き式。密閉するため戸当たりにスポンジテープを張っている

ドアのわきにはボトルオープナー

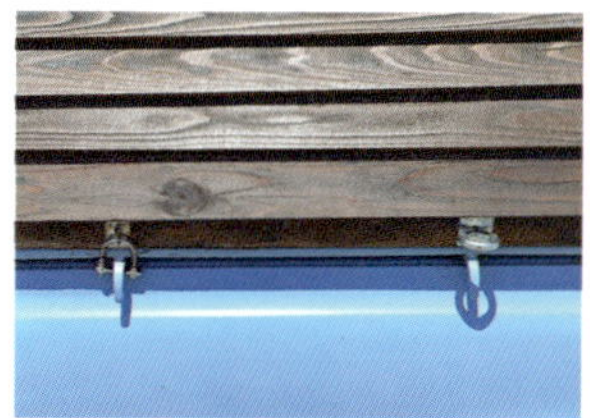

シェルの固定方法は、外側のアイプレートに通したシャックルを車体のフックにかけるとともに、室内側でクランプを締めている

後続車を楽しませるリアビュー。閉じたドアは下端の両側につけたパッチン錠で固定する

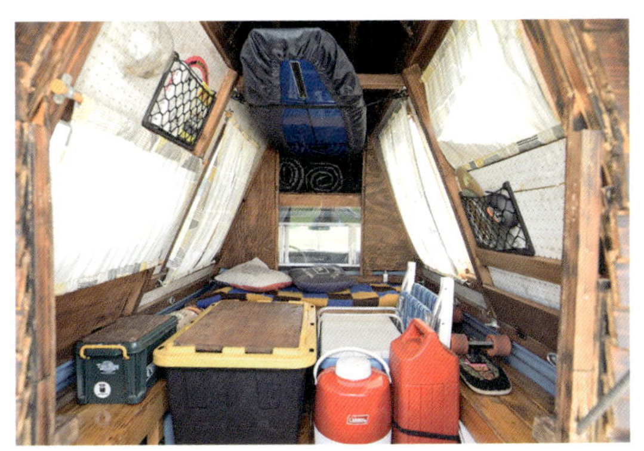

荷物を積み込んだ状態。キャビンの上には寝具などを収納

枠に合板を張った600×1400㎜のパネルを3枚並べてベッドにする

窓辺には折りたたみ式の棚を設置

両側の壁面には有孔板を張り、吊り下げ収納用のフックを差し込めるようにしている

01
シェルの製作手順。まずアオリの上に45×60mm角材で骨組みを作った

02
骨組みの外側に12mm厚の合板を張った

03
屋根の骨組みとして、合板から切り出した半円状のパーツを並べた

04
半円状のパーツの間に骨組みを追加して補強し、接着剤とビスでガルバリウムの平板を張った

05
下から順に一定の幅を重ねて張る下見張りで外壁を張った

06
建具を取りつけ、外壁はバーナーであぶって焼き杉に。その後、油性ステインを塗って仕上げた

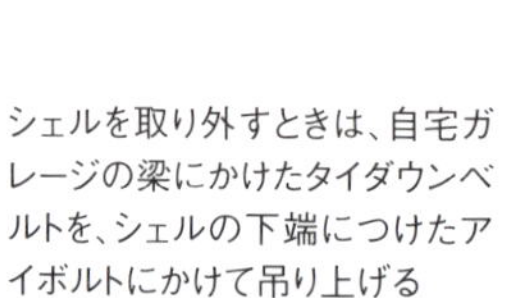
シェルを取り外すときは、自宅ガレージの梁にかけたタイダウンベルトを、シェルの下端につけたアイボルトにかけて吊り上げる

後面上部にはサーフボードを出し入れするための小さな扉を設置

サーフボードの収納方法は、P113のように骨組みの横架材の下につけたゴムロープに載せるだけでなく、横架材をラックとして使い、その上に載せることもできる。長さ3mのボードも収まる

中園隆登さん

【 側面図 】

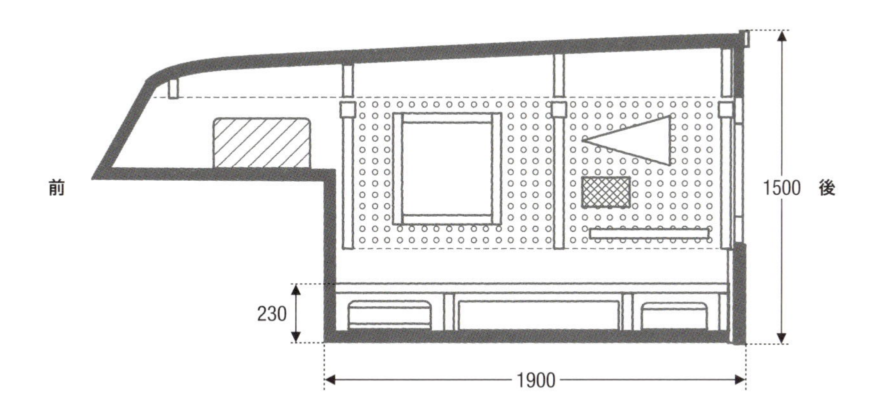

【 平面図 】

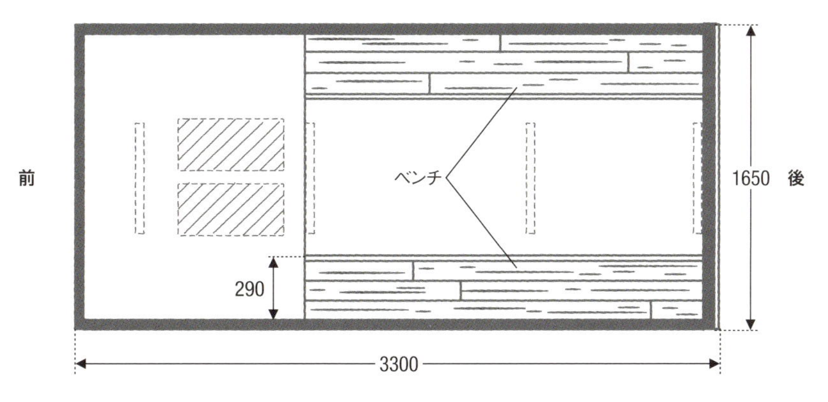

＊単位は㎜

ジャンボ軽トラの伸縮式シェル

スズキ／スーパーキャリイ(2018)

アオリを取り外してシェルを積載。ルーフキャリアを装着するためキャビン上への張り出しは短くして、招き屋根に仕上げている。右側面につけたドアの外面はガルバリウム平板張り

シェルの左右面それぞれ3カ所ずつを、ターンバックルなどを使って荷台に固定するとともに、前面を鳥居に、後方張り出し部分を荷台に留めている

旅好きで愛犬家の飯野浩さん、智恵さん夫妻は、愛犬との旅を自由に楽しみたいとキャンピングカーの自作を決意。標準的な軽トラよりキャビンが広い、いわゆるジャンボ軽トラであれば夫妻と愛犬が無理なく乗車できるだろうと、スズキのスーパーキャリイをベース車に選んだ。

ただし当然ながら、ジャンボ軽トラはキャビンが広い分、荷台長が短い。その欠点を克服するために思いついたアイデアが、伸縮するシェルだ。必要以上にシェル本体を大きくしたくないという思いもあり、停泊時だけ伸ばすという方法で、くつろげて、眠れる空間を作ることにした。

果たして伸縮式のアイデアは大正解。キャビン上への張り出し部分を除くと、シェル本体の長さは1780㎜しかないが、伸ばすと2240㎜になる。そのスペースを有効活用できるレイアウトや構造を熟慮した結果、テーブルとL字形のベンチがあるダイネット仕様と、ほぼ全面をフラットにするベッド仕様を不都合なく使い分けられ、小さいながらキッチンもある実用的なシェルを完成させることができた。

いかに実用的であるかは、1年間の1/3を車中泊で過ごしたという事実が物語っている。北海道や瀬戸内を時間をかけて巡ったのだそう。

「犬連れ旅行に特有の制約から解き放たれたのはやっぱり快適でした。それに宿のチェックインとチェックアウトの時間も考えなくていいのがとても気楽なんです」

帰ってきた自宅が広すぎて落ち着かなかったというほど、心身ともにすっかり軽トラキャンパーでの生活になじんでいる夫妻。本当に必要な生活スペースとはいったいどれほどのサイズなのか、再考せずにはいられない。

ダイネット仕様の室内。ベンチの奥にある、上部がキャビネットで下部が空いている部分が伸縮部で、これは伸ばしている状態

ベッド仕様。ダイネット仕様のときにテーブルの天板として使う板などをベンチと同じ高さにはめ込み、フラットな床を作る。奥のキャビネットの下に足を入れて眠る

伸縮部はシェル後面に収まる。
これが走行時の状態

ベンチの座面を上げるとスライドレールが現れる。上側にも
レールをつけており、上下のレールで伸縮部がスライドする

伸縮部を伸ばすときは、まずパネルを上向きに開き、内側に折りたたんでいた支えを左右に展開する。これが庇となる

伸縮部後面の左下に通気口を設けている

伸ばした伸縮部の外観。壁を薄く仕上げるためにガルバリウム平板を張っている

左側面には窓をつけており、走行時はガルバリウム平板張りのパネルでカバー。いわば雨戸だ

上側のカバーは開いたときに庇として使う。内側に折りたたんでいた支えの角材を起こし、ラッチで庇の枠と連結する。窓は折れ戸で、開けても外側に大きく張り出さず、庇の下に収まる

屋根の後方に175Wのソーラーパネルを2枚つけている

ベンチ下と壁面に太陽光発電システムの機器を設置。寒い時期は足もとをテーブルヒーターで暖める

室内前方はキッチン。シンクを設置し、その下に給水・排水タンクを収める。採光と換気のための天窓がとても役立つ

キャビン上の張り出し部分は調理器具や食器の収納場所。IHクッキングヒーターもある

天窓にもカバーを装備。こちらには50Wのソーラーパネルをつけている

シェル前面の上下に開口部を設けている。上側の主目的は通気口で、下側は、ジャンボ軽トラならではのキャビン下の荷台フロアを収納として利用するための扉。においが出る食材はここに保管すれば室内にこもらない

製作中の様子。シェル前面の上下の開口部がキャビン後面のどのあたりに位置するかがわかる

ジャンボ軽トラの広いキャビンも有効活用。車載冷蔵庫とポータブル電源を置いている。そのためシェル内に冷蔵庫のモーター音が響くことはない

飯野さん夫妻と愛犬のアキちゃん

【 側面図 】

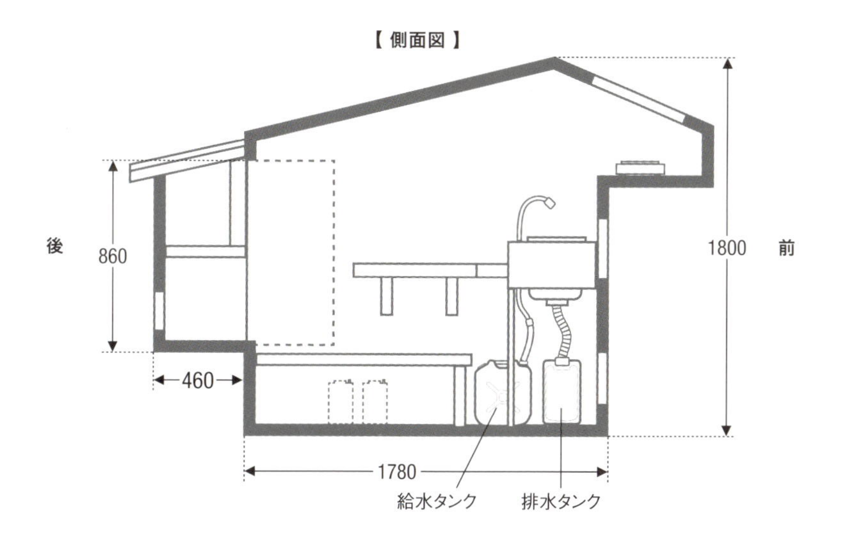

【 平面図 】

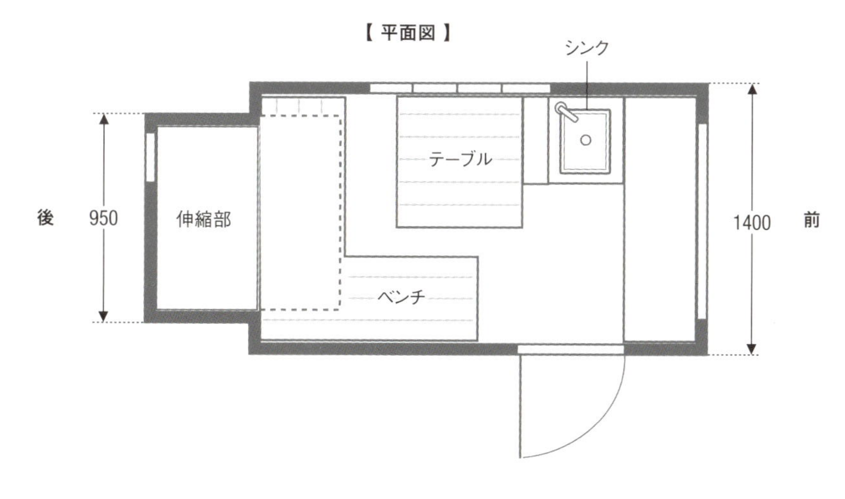

＊単位は㎜

バンキャンパーをウッドカスタム

シボレー／シェビーバン(1992)

ところどころに傷みがある外観は、ウッディできれいな車内を想像させない。そのギャップも面白いが、赤池さんはオールペンも検討しているそう

アメリカ車を乗り継いできた赤池宜昭さんは海外のバンライフに興味を持つと、自身もバンライファーに、とベース車を探し始めた。バンを車中泊仕様にカスタマイズするもよし、既製のキャンピングカーに手を加えるもよし、そうフレキシブルに構えていたところ遭遇したのが、シボレー・シェビーバンG30ロングボディをベースに、アメリカ・インディアナ州のビルダー、コーチメンRVが仕立てたキャンピングカー。マッチョなルックスに、大人6名の宿泊を想定したスペースと装備を内包するシェビーバンを、アメ車フリークの赤池さんに見逃せというのは無理な相談だった。

ベース車が何であろうと、赤池さんが作りたい空間のイメージはすでに固まっていた。メインは木装。一般的な車内の雰囲気とは大きく異なる、温もりを感じられるウッディな空間を創出したいと考えた。納車されるとすぐに作業に着手。自宅の家具作りなどの経験があるから、基本的な電動工具はそろっているし、木材加工にも慣れている。また、自宅を建てたときに余った材をたくさんストックしてあり、わざわざ材料を買いに行かずに作業できるのも効率がよかった。結局、材料代は1～2万円で済んだというから、カスタムのボリュームと照らし合わせれば破格の低コストといっていい。

一方、作業がスムーズに進まない理由もあった。というのも、このキャンピングカーが赤池家にある唯一の車だから、ちょっとした買い物にも出動させなければならない。そのため、週末ごとに、普段使いに支障がない時間を選んで作業。半年ほどかけ、少しずつじわじわと、古い内張りから木の内装に移り変わっていったのだ。

そうして生まれ変わったシェビーバンの晴れ舞台はもちろん一家を載せて旅に出るときだが、日常の足でもあるため、お子さんの送迎などでも注目を集める。こんなに楽しい車を子どもたちが放っておくはずもなく、自宅の駐車スペースに停めた状態で、お泊まり会に使われることもあるという。きっとウッディなシェビーバンに漂う濃厚な非日常感は、たとえ旅に出ていなくても、みんなの心をすっかり解放してしまうのだろう。

後方から運転席側を見た様子。天井、壁、床はいずれも15㎜厚のパイン材で、オイルステインで塗装している。バンクベッドは縮めた状態。なお、生活用の各装備はきちんとメンテナンスされており、すべて使用可能。ボイラーがあり、車外で温水シャワーを浴びられる。給水タンクはソファの下に

バンクベッドを伸ばし、下のソファベッドを展開したところ。
それぞれ大人2名の利用を想定したもの

運転席と助手席の間に靴箱を製作。
背板を張った扉を開け、棚のトレーに
靴を入れる

キッチンの天板はホームセンターで購入した耳
つき板。研磨してウレタン塗装で仕上げている。
側面に折りたたみ式のテーブルを設置。コンロ
のガスは5kgのボンベから供給

キッチン上の吊り収納はスギ板でカバー

スギ板を斜めに張った扉を開けるとトイレが。普段は使わないので上部を収納スペースにしているが、非常時のために取り外さないでいる

冷蔵庫のドアには両面テープでスギ板を張った。上には電子レンジがある

運転席側から後方を見た様子。ほぼ完全に木に包まれた空間が奥まで続く。床は既存のカーペットの上にパイン材を重ね、ドリルビスで車体に固定したそう。また既存の収納をいくつか取り外し、空間を広げている

最後部のダイネット。額入りの絵などを飾り、カフェ風に

最後部のソファも展開してベッドになる。
こちらも2名の利用を想定したもの

テーブルは中央部と最後部につけ替えられる設計。
床にあいた穴に脚を差して固定する

リアゲートを開ければ
開放感はとても大きい

壁のクロスと下地合板をはがすと断熱材が露出。断熱材の一部を削り取り、角材で下地の枠を組んでパイン材を張った

赤池さん夫妻とお子さんたち。大人6名の宿泊を想定した車内の広さは十分

【 側面図 】

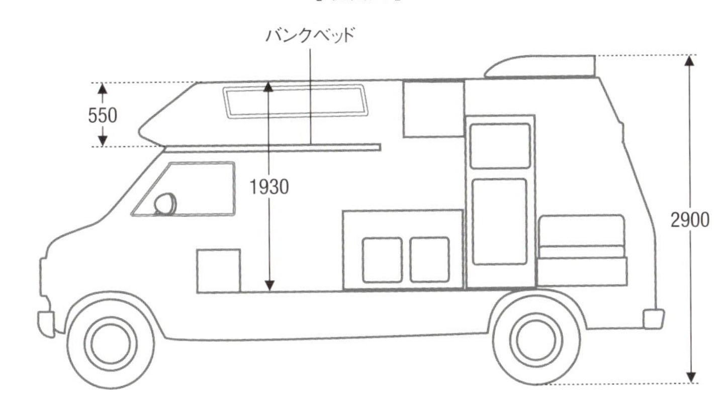

【 平面図 】

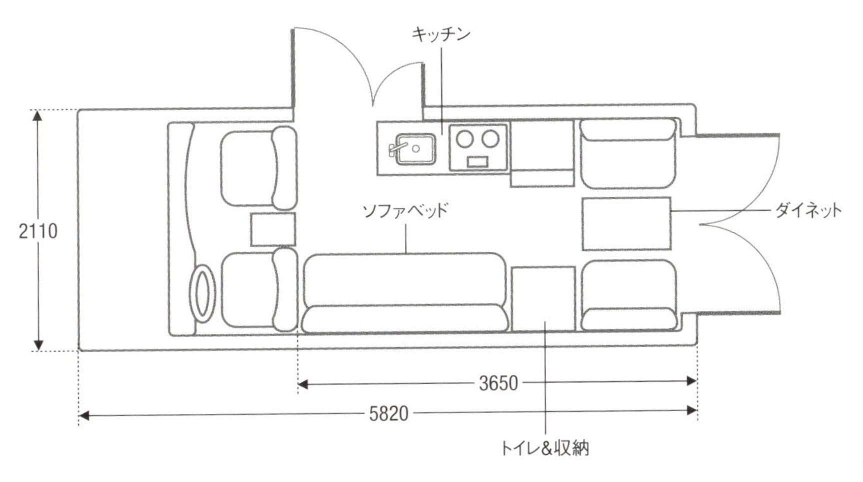

＊単位はmm

雨漏りキャンパーをフルリノベーション

いすゞ／ロデオ(1992)

外装もDIYで再塗装し、
見事にリフレッシュ

それまでオートバイやワンボックスカーなどを移動手段にキャンプを楽しんできた森俊彦さん、香さん夫妻が、次第にキャンピングカーに関心を持ち始めたのは、綿密な準備なしで適当に荷物を詰めて出かけられ、テントの設営や撤収の手間を省けるのが魅力的に思えたから。さらに、ボンネットが張り出したルックスが気に入ったため、いすゞのロデオをベースにしたヨコハマモーターセールス社製に標的を絞り、なるべく安価で手に入れられないかと中古車の物色を開始。そのうちにネットオークションで出会った1台を、滋賀の自宅から静岡まで見に行くことになった。

「わざわざ遠方まで見に行くときって、買う気満々だから、粗は目に入らず良いトコばかり見えるんですよね。あらかじめ雨漏りすることも聞かされたけど、『なんとかなるでしょ』と購入を即決。で、持ち帰ってから改めてじっくり見て、『思ったよりボロボロだ、どうしよう……』と」

そう言って苦笑するのは俊彦さん。状態を確認するほどに、生半可な処置では快適に使うことができないと認めざるを得ず、入手してから1カ月間は、休日のたびに夫婦で居室内の解体作業に勤しむことに。役に立ちそうにない冷蔵庫、シャワー用のボイラー、ヒーター、スピーカー、テレビアンテナはすべて撤去。錆びついたビスをひとつずつグラインダーで削り取り、雨合羽と水中メガネで体を完全防護して、包装されていないグラスウールの撤去に立ち向かった。DIY経験豊富な夫妻が「この1カ月間がいちばん大変だった。心が折れそうでした」と口をそろえるのだから、なかなか困難な作業だったに違いない。

ようやく解体が終わったら、断熱材を入れ直して、天井、壁、床の張り直し。雨漏りの原因である複数の穴はFRPで完全にふさいだ。俊彦さんがインターネットで情報を得て、初のFRP作業に挑戦したのだ。

もちろん、せっかくDIYで作り直すのだから、単純に修復するだけではつまらない。壁裏に磁石を仕込んで同じく磁石を仕込んだカーテンを固定できるようにしたり、キッチンに折りたたみ式のサイドテーブルをつけたりと、使いやすいようにアレンジ。新しい冷蔵庫のほか、電子レンジ、クーラーを設置し、電力は太陽光発電システムでまかなえるようにした。ベンチのクッションカバーは香さんが縫い、車体は俊彦さんがエアガン吹きで塗り直した。

機能性もルックスも夫妻好みに生まれ変わったキャンピングカーで最初の旅に出たのは、入手してから半年後のこと。それ以降、月1回のペースで旅に出かけているというから、手間をかけた甲斐があるというもの。取材時もゴールデンウィークを利用して東北5泊の旅を終えた直後だった。

「キャンピングカー、快適ですねぇ。もう今までやってきたキャンプには戻れないかも」と思わず笑みがこぼれる香さんには、満足感がありあり。当初こそ予想以上に苦労したようだが、中古キャンピングカーを入手して気に入るようにアレンジするという旅車の作り方は、やはりとても有意義な選択だったのだ。

雨漏りを解決し、きれいに生まれ変わった車内

ソファの背もたれを前方に倒し、テーブルを取り外してクッションをはめ込めば全面フラットになる。バンクベッドと合わせ、家族4人で寝るのに十分な広さ

冷蔵庫などが収まる棚も、その対面にある棚も、もとはもう少し出っ張っていたが、解体して作り直す際に奥行を詰め、通路を広くした

リノベーション前の状態。カラーリングも変わり、明るくポップな雰囲気になっていることがわかる

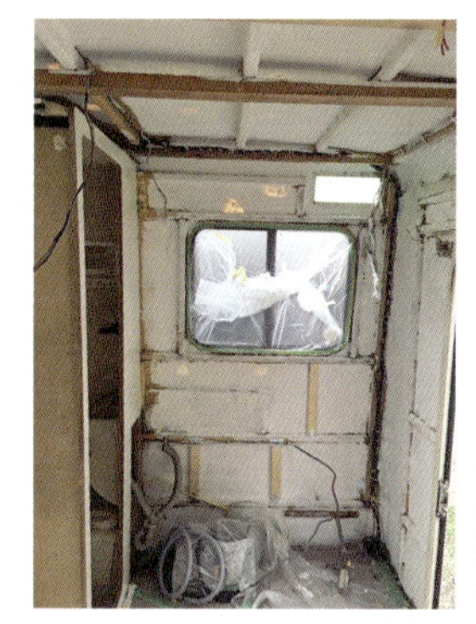

キッチンはいったん撤去し、内壁と天井をすべて剥がした

香さんのアイデアで取りつけた折りたたみ式サイドテーブルがキッチン使用時に便利。下をくぐって外と室内を出入りできる

冷蔵庫を入れ替え、その上に電子レンジとクーラーを設置。はじめて旅に出た際、カーブのたびに冷蔵庫のドアが開いたため、幼児用のドアストッパーを取りつけている。その右にはトイレ兼シャワールームのドア

リノベーション前の状態。冷蔵庫が高い位置にあり、下は収納。上端の板が雨漏りによりたわんでいる

冷蔵庫を載せていた棚も、横のチェアもいったん撤去した

トイレ兼シャワールームは収納スペースにしている。トイレは緊急時には使えるが、シャワーは給水管を繋いでいない

冷蔵庫などを収める棚を作り直している様子。上部に新たにクーラーを設置するため、車体をディスクグラインダーで切り抜いて排熱用のルーバーをはめている。上写真と見比べるとわかりやすい

内壁と天井はすべて剥がし、ガイナ（断熱塗料）を塗ってから断熱材を詰め直し、2.3㎜厚の合板を張った

リノベーション前の状態。床はこのカーペットの上に5.5㎜厚の合板を留め、クッションフロアを張って仕上げた

左右の壁の上部に棚が作りつけられていたが、一方は材が傷んでいたため作り直した。走行中に引き出しが飛び出ないよう、ストッパーとして細角材をつけている

壁裏のところどころに磁石を仕込み、いろんなものを張りつけられるようにしている。カーテンの下端にも磁石を仕込んでいるので、好みの開き具合で固定できる

チェア下に設置されていたヒーターを撤去してスペースが空いたため、引き出しを作って靴箱に

いったん撤去したチェアを同じ位置に作り直している様子

屋根の上は、前オーナーがすき間をコーキングで埋めて応急処置をしていたが、複数箇所から雨漏りしている状態だった

応急処置部分をいったんきれいに取り払い、屋根と壁のすき間をFRPで完全にふさいだ

森さん一家

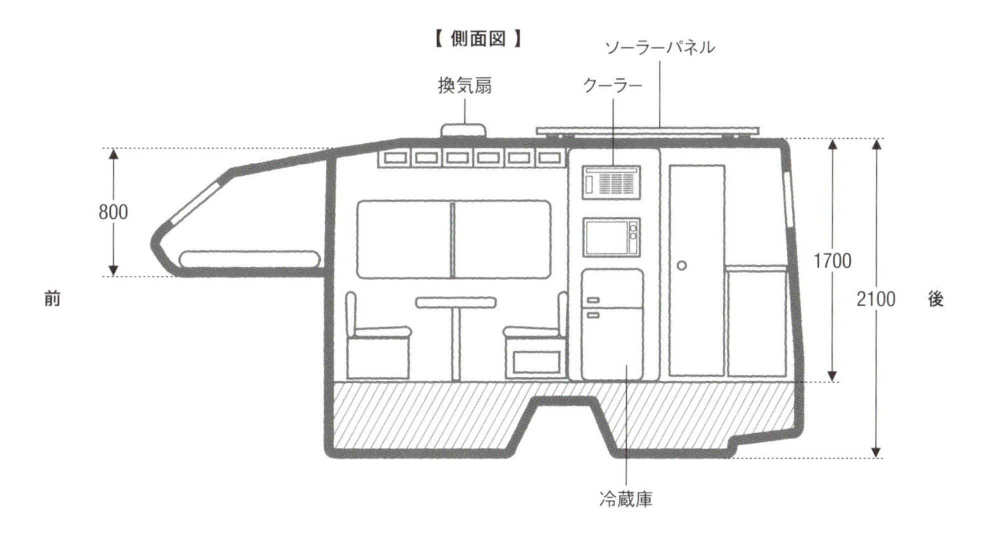

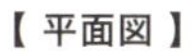

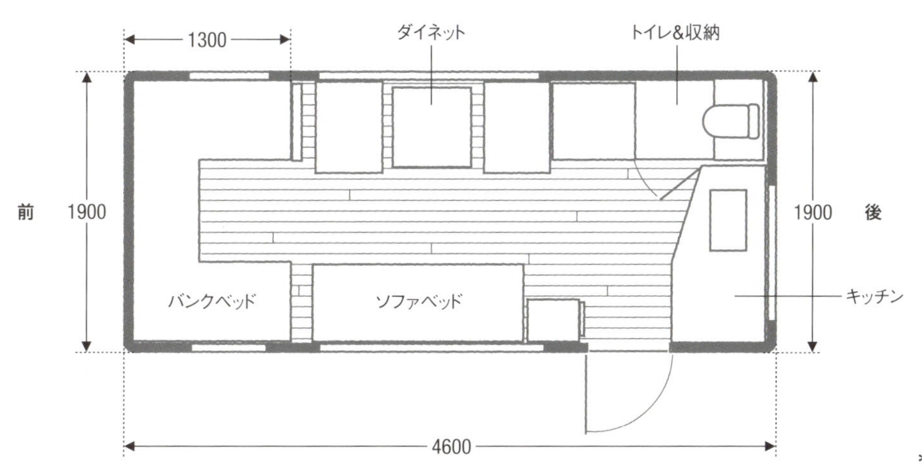

＊単位はmm

家族旅車とひとり旅車

トヨタ／ハイエース(1995)

車体は娘さんが調色した塗料を夫の俊彦さんがエアスプレーで塗装。香さんのリクエストは「明治チョコレートの色」

前ページに登場した森香さんは、ロデオベースのキャンピングカーをリノベーションした数年後、今度はほぼひとりでハイエースベースの旅車を作った。お子さんたちが成長したこともあり、家族で旅するキャンピングカーとは別に、気軽にひとり旅に出られる車が欲しいと思うようになったからだ。自分が好きなものだけを詰め込んだ旅車を作れたら楽しいだろうと想像していたところ、コロナ禍で仕事が休みとなり時間がぽっかり空くと、じっとしてはいられず、長年ファミリーカーとして活躍しているハイエースを自分好みの車中泊仕様に変えてしまったという。丸みを帯びた100系ハイエースは見た目もかわいいし、回転する2列目シートも車中泊に都合が良さそうだと、実は前々からチャンスをうかがっていたらしい。

自分好みの旅車作りは、車に載せるものを決めることからスタート。お気に入りの食器や雑貨、布などを寄せ集め、それらが似合う空間をイメージするとともに、それらのサイズに合わせたキッチン、ソファベッド、棚を設計。最初は作り方の参考にとYouTubeを観てみたが、同じように作らなければならないと思い込み始めている自分に疑問を感じ、方針を変更。ほとんど作り方を調べることなく、自分なりの方法で作業を進めていったそう。とはいえ夫妻でキャンピングカーを改装した経験が大いに生きたはずだし、DIY歴は25年で木工も裁縫も手慣れているから、挫折することなく思い描いた空間に仕上げることができた。

完成後は念願のひとり旅を実現。それも月に2、3回、1泊または2泊の旅に出るというから頻度が高い。琵琶湖の畔にある自宅を発ち、岐阜や福井などの近県を目指す。目当ては現地の温泉と食。湯に浸かったら宿泊地に愛車を停め、あらかじめ仕入れた特産品を簡単に調理し、酒杯を傾ける。ほろ酔いで見渡す空間は、360度好きなものばかり。そんな時間が、心潤す貴重なひとときとして、香さんの生活に組み込まれた。

「満足できる車中泊空間ができました。それにこのハイエースは外観も気に入っているし、大きすぎないから走りやすくて、燃費もそんなに悪くない。最高ですね」

そう絶賛する香さんだが、何を隠そう、目下もう1台の旅車作りに取りかかっている。ベース車はネットオークションで手に入れたハイルーフのキャラバン。車内で立てるから、とても快適な旅車になるに違いないと期待している。右ページの写真に収まる愛犬のモリーは、実はハイエースでは狭いだろうと旅に連れていったことはないのだが、キャラバンでは同行する予定。ハイエースには導入できなかったFFヒーターを設置したり、ハイエースでは頭をよくぶつける照明を天井埋め込み式にしたりと、「満足してはいるけれど欲を言えば……」というハイエースの小さな欠点をも補った傑作になりそうな気配。

「もちろん旅に出るのが楽しいんですけど、作ることも同じくらい楽しいんですよね」

自分好みの旅車を自分で作り、旅に出る。そこに特別な楽しさがあるという実感が香さんの言葉にはこもっている。

天井と内壁には2.5㎜厚の合板を90㎜幅に割いたものを並べて張っている。羽目板のように見えるよう1枚ずつ両側を面取りした労作。床は12㎜厚の合板を敷いてクッションフロアを張った。製作期間はおよそ2カ月。材料費は約6万円

夜、照明をつけても外から車内が見えないミラーカーテンに布を重ね縫い。下端にマグネットを仕込んで車体に固定できるようにしている。プライバシーを守りつつムーンルーフからは夜空が見える

キッチン使用時は、はずしたシンクの蓋を拡張天板として使い、折りたたみ式のサイドテーブルも展開する

キッチンのサイズは幅1200×奥行295×高さ635㎜。天板は18㎜厚の集成材で、この旅車作りのために最初に買った材料、アカシアの古材がシンクの蓋としてはまっている。壁面には美濃焼のタイル

シンクはキャンピングカー用で幅320×奥行180×深さ65㎜。周囲にタイル調シートを張っている。右にはカセットコンロと携帯型ポンプを収納

シンクの横に携帯型ポンプを引っかけられるようにしている。電力はポータブル電源から供給

キッチン下にポータブル電源やガスボンベ、鍋敷き、ドリップバッグコーヒーなどを収納。収納物ぴったりのサイズで棚を作っている

収納物を隠すカーテンは上端をマグネットで固定

ベッドは、ソファの座面がスライドして拡張する構造。ベッドの外に重ねたクッションを枕にする

お気に入りの布をかけたソファは幅1575×奥行550×高さ410㎜。座ると頭上が狭くなるが、下に収納するクーラーボックスに合わせて高さを決めた

壁材の裏側の一部にマグネットを固定しており、行方不明になりがちな照明のスイッチを留めておける

マットレスをはずしたソファ。脚と枠は2×4材で座面は30×40㎜のアカマツ材。粗材を1本ずつサンディングし面取りして塗装

このようにスライドして広がる。この構造を選んだ理由は「作ってみたかったから」だそう

キッチン上の棚のこぼれ止めはヘアゴム。カゴの中には食器やポットが。ナマケモノのスポンジが、かわいく乾かせておすすめだそう

ソファ側の壁面棚にはお気に入りの品を並べている

開閉しない2列目シート右側の窓下は車内に鉄板が出っ張っていたが、電気配線などに支障のない部分を切り落とし、切断跡を隠すために木製の棚を設置

もともと左右にあった最後部のムーンルーフは一方を天井でふさぎ、一方のみ残している。100均のソーラーファンを固定したプラダンをはめて換気扇に。夏用に網戸もある

もともとキャンプ好きの香さんはカーサイドリビング用の装備も用意。タープは好きな柄の布にポールを通すリングをつけるなどして自作

ドアにぴたりとはまるランタンハンガー。角度を合わせるのに苦労したそう

まずは内張りをすべてはがして旅車作りを開始。取り外した3列目シートはつけ直さず、普通車から貨物車へと登録を変更した

壁面にはグラスウールを詰め、窓をふさぐ部分にはアルミ断熱シートと気泡緩衝材を重ねて断熱。丸みのある車体に、しなりやすい6×30㎜のヒノキ材をドリルビスで留め、2.5㎜厚の下地合板を張り、さらに90㎜幅の2.5㎜厚合板を重ねた

製作中のハイルーフキャラバンベースの旅車。一部はハイエースのデザインを踏襲しつつ、キッチンやソファベッドについては異なる構想があるとのこと

【 側面図 】

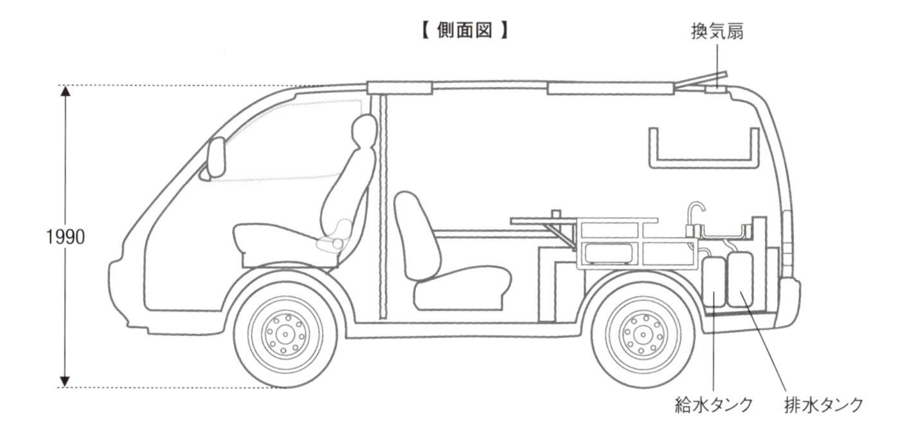

【 平面図 】

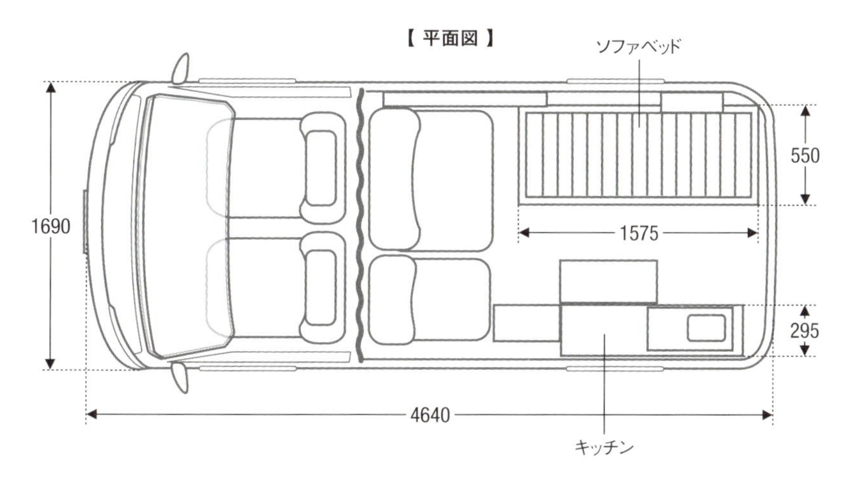

＊単位は㎜

カヌーの製法で作ったアーチ型シェル

ホンダ／アクティトラック（1991）

横から見ても上が膨らんだシェル形状。屋根および外壁材は8×40㎜のスギ板で、表面をサンダーで研磨し、クリアの塗料を塗っている

シェル本体の形状とそれにマッチする左右両面の窓が独特の雰囲気を醸し出す

幌馬車のような上部が膨らんだアーチ型のフォルムを持つ、なんともかわいらしいキャンピングシェル。この曲面形状は、カヌーの作り方の一種であるストリップ・プランキングを参考にして作っている。それは、ラウンドした型に沿わせて細材を並べるという方法だ。カヌー作りでは船体を成形したら型を取り外すが、このシェルでは型はそのまま骨組みとして残る。そのため、30×40㎜角材をいったん30×6㎜に割き、割いた薄板を自作ジグに合わせて曲げ、5枚の薄板を接着しながら重ねることにより、ラウンドした角材を作って型としている。

そうしてできたフォルムにアクセントをつけ、完成度を大きく高めているのが左右両側につけた窓。曲面から垂直の窓を張り出させるには、現物合わせの手間がかかる作業となったそうだが、その甲斐が十分であることは誰の目にも明らか。シェル本体と同じように上縁をラウンドさせた窓こそが、キュートさを生み出しているといってもいいだろう。

そんなユニークなデザインのシェルは、大工歴40年以上の工匠、テント縫製職人、イベントクリエーターからなる「U木民」というチームが製造販売する、「horocoro」という名前がついたシリーズの第1号。受注製作だけでなくキット販売もあり、購入者がキットを製作するためのシェア工房も岡山・吉備中央町に用意している。そこではじかに説明を聞きながら、horocoroシェルの製作を進められるそうだ。

シェルのデザインに影響を与えたのはアメリカのテレビドラマ「大草原の小さな家」とエアストリームだそう。シェルの床は、リアのアオリをはずした状態で荷台に収まる

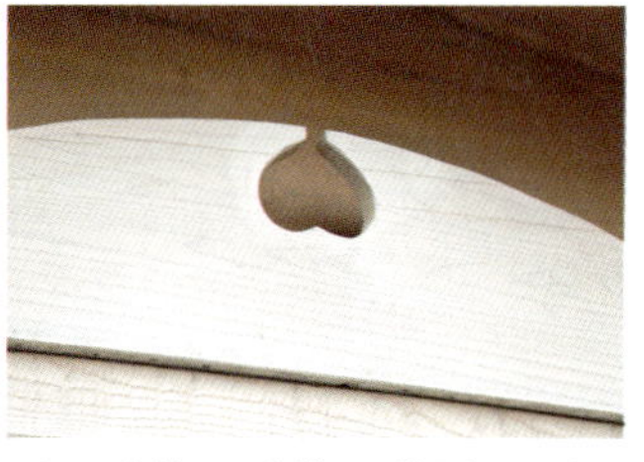

ドアの上端には魔除けの猪目をかたどり、屋根および外壁材の木口のカバーは茨垂木をイメージしたデザインに。全体の洋風な雰囲気に、日本の伝統にまつわる形をうまくなじませている

真後ろから見ると上部がふくらんだ幌馬車のような形がよくわかる

内壁は漆喰仕上げ。断熱材（P144参照）にプライマーを介して直接塗っている。腰壁は、骨組み（アーチ状に成形する型でもある）に使ったものと同じ6×30㎜のアカマツ材を横張り。床は9㎜厚の針葉樹合板の上にコルクタイルを敷いている

ベンチの正面に折りたたんでいたパネルを展開するとベッドになる。丸棒の上端に打ったビスの頭をパネル裏面の溝にはめて脚とする

ベンチは収納ボックスを兼ね、3分割の座面を脱着して開閉。シェルを積み降ろしするための単管パイプ（P145参照）などを収めている

シェル右面につく上げ下げ窓

シェル左面につく観音開き窓。張り出した部分の天井に、カーテンをつけるためのマグネットを埋め込んでいる

ドアをロックするのは自作の木製錠。金属のプレートで突起を押して板をスライドさせる仕組み

ラウンドした型に沿わせて細材を張った様子。使用する材はすべて6×30㎜に割いたアカマツ材で、型は5枚を重ねている

型に沿わせて張る材は、ルーターで削ってこのようにオスとメスを作り、はめ合わせながら型に固定した

骨組みの間に30㎜厚の断熱材を詰めて固定。曲面に沿うように断熱材を細かく切っている

型に細材を張ってアーチ状に成形したら、全体にFRPを張って防水処理を施している

FRPの上にガルバリウム角波板を細く切ったものを一定の間隔で留めて下地とし、屋根および外壁材をビスで留めている

シェルの積み降ろしの際は、四隅に単管パイプを固定し、パイプクランプのボルトを締め込まずパイプ上をスライドする状態にしておいてジャッキで前後を順に上げる

パイプクランプと一体化した木製ブロックをボルトで留めるためのナットをシェルに固定している

【 側面図 】

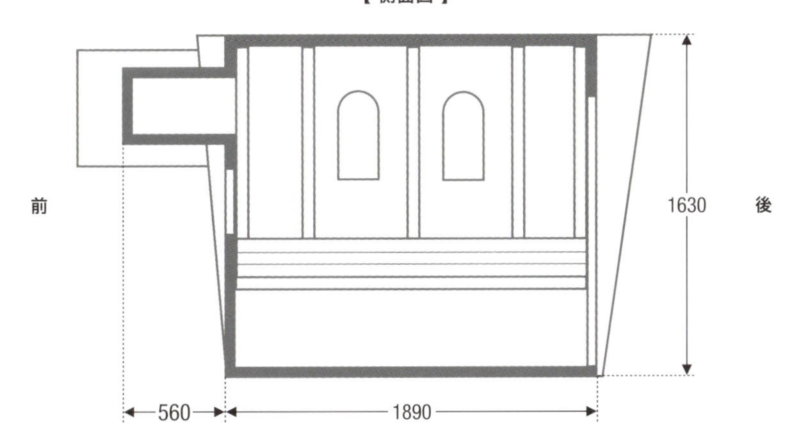

【 平面図 】

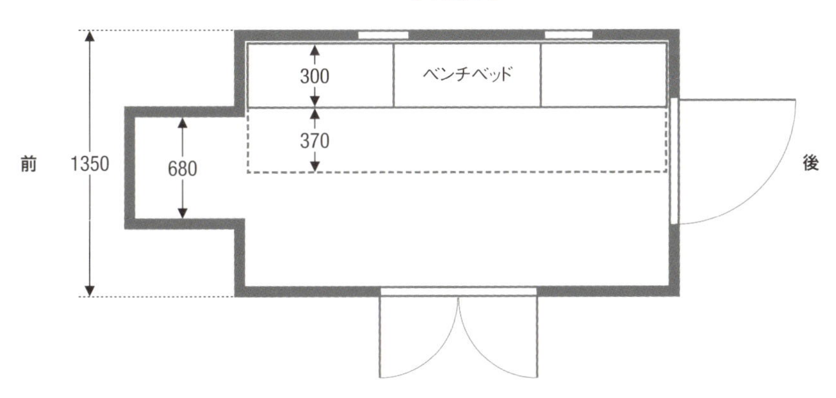

＊単位は㎜

キャンプギアを兼ねる装備

マツダ／ボンゴブローニイ(2004)

明るいミントグリーンの外装が爽やか。スライドドアの窓に自作のボードを介して換気扇をつけている

窓につけた換気扇の内側

左側のスライドドアの窓には、やはり接続ボードを自作して網戸をつけられるようにしている

シンプルな木製キャビネットと白いシーツをかけた家庭用のソファベッドが並ぶ居室はとてもすっきりとしているが、実は多機能。キャビネットはシンク、コンロ、冷蔵庫などのキッチン設備を内蔵するほか、シャワーまで備えている。ソファベッドを載せる台にも引き出しがあり、収納やテーブルとして使える。それらをすべて展開すれば、すっきりとしていたスペースは実用的な生活空間に様変わりする。

さらに、2列目シートをたたんで設置したラックは、車外で使うテーブルや調理台、カーサイドテーブルに変化。つまり、外へ持ち出せばマルチパーパスなキャンプギアとなる。実はオーナーのREEさんはキャンプインストラクター。この旅車の装備にも、機能的なキャンプサイト作りに通じるアイデアを盛り込んでいるというわけだ。

車内の木装方法は、天井の羽目板のみ車体にビス留めし、ほかは既存のサービスホールやターンナットを使用して固定したそう。キャビネットの固定にもサービスホールとターンナットを使い、車検時に取り外せるようにしている。

テレビ、電子レンジ、冷蔵庫、ウォーターポンプ、換気扇、照明などの電力は、合計の容量が1440Whのポータブル電源でまかなう。コンセントは車内の3カ所に配置するだけでなく、テールランプ下にも外部電源口を設置。前述のように車外での過ごし方も大切にするREEさんだから合点がいく。

この旅車を作ってから身近な場所の見え方さえ変わったというREEさん。車を停めてソファに座れば、ボンゴブローニイの特長である広い窓が、日常の景色に潜んでいた美しさを映し出すのだという。木に包まれた空間と座り心地がいいソファが深いリラックスへと導いて、その美しさを受容する状態に心を整えてくれるのだろうか。

天井は制振材と断熱シートを張ってから羽目板張りで仕上げている

床面積のほとんどをソファベッドとキャビネットが占める。一見シンプルだが、実は多機能

ソファをベッドに展開するときは、スライドレールを使って台を広げる

ソファベッドの台には引き出しを内蔵。キャンプギアのパーツなどを収めており、天板を載せればテーブルになる

キャビネットの側板は、棚受けを使った折りたたみ式のテーブルでもある。シンク下の排水タンクが見える

ホース式トイレシャワーを給水タンクにつないでいる。キャンプギアなどを洗えて便利

キャビネットの右端上部にBonarcaのポータブル冷蔵庫を収納。出し入れしやすいよう側板を開閉式にしている。その下にはポータブル電源が収まる

キャビネット左端上部にはシンク。KIMISSの折りたためる蛇口を使用するため、シンク内に収めて蓋を閉じることができる

アングルを引っかけて接続する拡張テーブルを用意。普段は正面の板に縦向きにかけて収納している

キャビネット中央上部にはカセットコンロ。棚板を切り欠いてコンロの脚をはめており、走行中でも動くことはない

キャビネット中央下部にはスパイスボックスを収納。下写真は少し引き出した状態で、通常、正面はフラットになる

2列目シートをたたんで設置するマルチラックは、コーナンの3段ラックに1×4材の天板を載せたもの。中央に電子レンジを配置

マルチラックを車外に持ち出すときにセットで使う折りたたみ式チェアを、ソファベッドの台に収めている

車内に設置するときとは3段ラックの向きを変え、天板を広げて載せればシンプルなテーブルセットになる

チェアの上に天板を載せれば高さが増して調理台にちょうどいい

天板のみをフックとベルトで吊るせばカーサイドテーブルに

キャビネット中央上部に収めているカセットコンロを使い回せるアウトドアローテーブル。分解できて、場所を取らずに車にしまえる

リアゲートの内側と頭上の収納の下面に設置した照明は磁石で固定。設置場所には鉄のプレートを張り、ライトの裏面にはネオジム磁石を接着剤で張っている。リアゲートの照明は夜間の荷物の積み降ろしに役立つ

REEさん

【 側面図 】

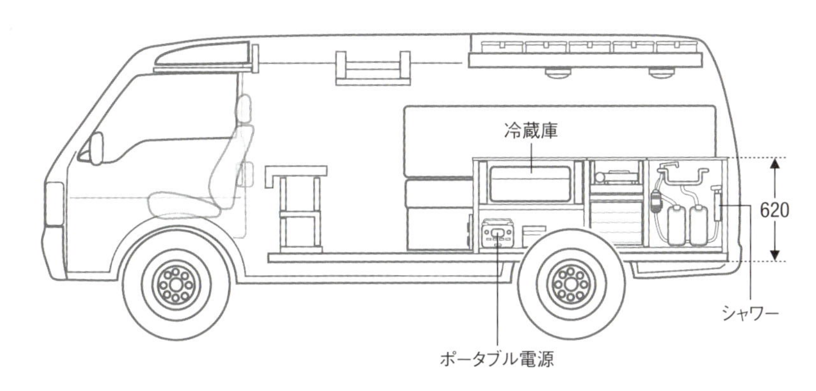

【 平面図 】

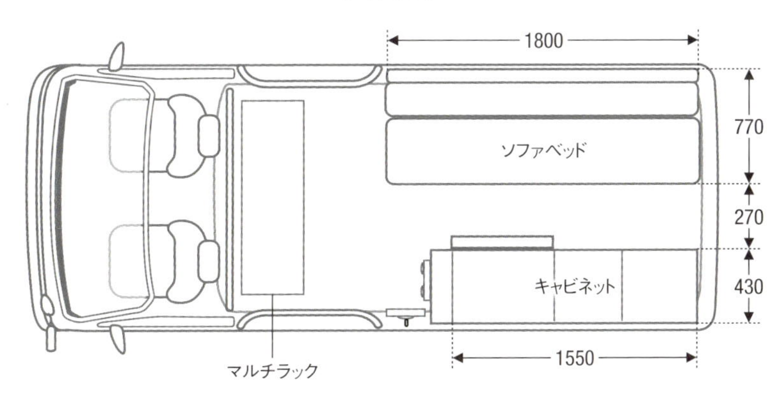

＊単位は㎜

効率的に装備を収めた軽バン

ホンダ／N-VAN（2020）

センターピラーレスのN-VANは改装作業がしやすく、旅車としての使い勝手もいいそう

助手席部分を居室の床面とフラットにできてベッドの拡張に便利（P156参照）

朝まずめ、夕まずめを狙ったり、夜釣りを楽しんだりするために遠方にも出かける釣り人なら、ゆっくり休める車中泊仕様の愛車があれば重宝するに違いない。大の釣り好きである小野直也さんが乗るのは、まさに釣行を楽しむために車中泊装備を整えた軽バンだ。コンパクトな軽バンながらキッチンがあり、しかもベッドの大部分は据え置き型。就寝時には小さなパーツを継ぎ足すだけで足を伸ばして寝られるサイズになり、面倒な展開作業は必要ない。

当然ながら、軽バンにキッチンとベッドを据え置けば、その間には小さなスペースしか残らないため、キッチンキャビネットの扉を細かく分割することにより無理なく開閉できるよう工夫している。また、据え置いたベッドの下も収納として活用し、無駄にスペースを使うことはない。さらなる省スペースぶりを表しているのがキッチンの給排水タンク。シンクの下につないだ排水タンクは注水式のウエイトだ。キッチンの高さを抑えたため、一般的なタンクを収めるスペースを確保できず、平たい形状のウエイトを採用したわけだ。同じく空きスペースの都合により、給水タンクは果実酒用の瓶。本来の用途とは異なるふたつのタンクが、条件が厳しくとも、常識にとらわれず柔軟に考えれば目的を果たせることを示している。

そうして限られたスペースに設備を詰め込みながらも、実用一辺倒の味気ないものではないところが、実はこの旅車の重要な特長。木装したうえで装飾にも気を配っているため、狭いながらもゆとりを感じさせ、心地よく過ごせる空間に仕上がっている。小野さんが心底気に入っていること、そして釣行がますます楽しくなったことは、こんな言葉を聞けば疑う余地がない。「自分の部屋ごと海に移動するって感じが最高です」

キッチンとベッドを据え置いた居室。キッチンの高さを抑えて面積を確保した壁面の装飾が気分を盛り上げる。コンパクトな軽バンでもここまで充実した旅車になる

まず天井のサービスホールを使ってイレクターパイプを固定し、金具を介してイレクターパイプに羽目板を固定。天井下のキャビネットの棚板は左右の壁に張った1×4材の上に渡している

天井は90㎜幅の羽目板、壁は1×4材で木装。床はコンパネを敷いてクッションフロアを張っている

シンクとIHクッキングヒーターを備えたキッチン。
キャビネットの扉は上下に分かれ、上側は観音
開きで、下側は下開き

IHクッキングヒーターの真下に収まる給水タンク
は果実酒用の瓶。仕切り板の裏側に固定した
電動ポンプ（右写真参照）にホースがつながる

シンク下につながる排水タンク
は平たい形状の注水式ウエイト

木装した壁の裏側にあるスライドドアのガラスを室内から開閉できるよう小窓を設置。換気扇を使うときはガラスをポップアップする

スライドドアを開けると木装した壁の裏面が見える。換気扇の下に小窓用のスライド蝶番を固定する板をつけている

壁面に固定したスイッチパネルで照明、換気扇、ポンプなどのオン・オフを操作。電力は2台のポータブル電源でまかなう

蛇口は車外に引き出せるものを選択。釣行ではこれが役に立つ

天井下のキャビネットは前後に扉をつけ、車内外どちらにいても開閉できるようにしている

助手席スペースに小さなパーツを継ぎ足してベッドを拡張した状態

拡張用のパーツはキッチンとの間にぴったりはまるサイズ。就寝時以外に楽な姿勢で過ごすときは、この状態にセットする

拡張用パーツの脚は折りたたみ式。使わないときは折りたたんで収納する

マットレスは30㎜厚のウレタンチップクッションをフェイクレザーで巻き、裏面にカーペットを張ったもの。ずれ防止のため、マットレスの裏面と寝台の表面にマジックテープをつけている

ベッド下の収納は、出し入れがしやすいよう細かく区切っている

ベッド下後部の収納は、車外
から引き出すことも可能

収納の下には引き出し式の
テーブルを内蔵している

小野直也さん

【 側面図 】

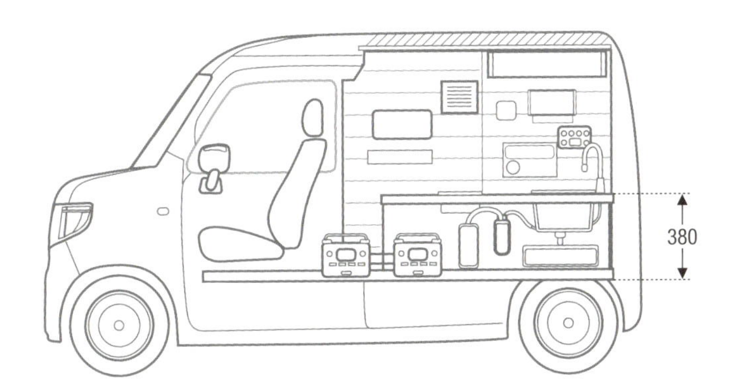

【 平面図 】

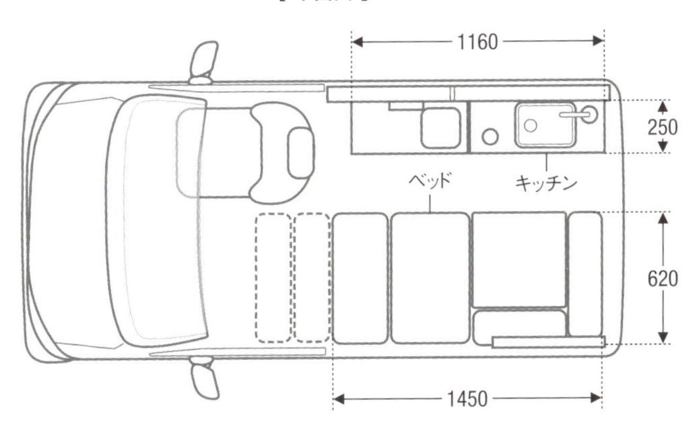

＊単位は㎜

アルミフレームの自作トレーラー

オリジナル

外装は3㎜厚のアルミ複合板。網戸とシェードが付属するキャンピングカー用の窓をつけている。製作期間はおよそ5カ月。約40万円のカーゴトレーラーを含む材料費は100万円弱

連休となればとにかく車旅へ、というのが橋ヶ谷家のスタイル。父の怜夫さんが日本一周を経験したほどの車旅好きで、自ら「家族は付き合わされてるんです」と笑う。一家での旅の初期はキャンプ場でテント泊を繰り返していたが、そのうちに「雨だったらテントには泊まりたくない」と娘さんが主張。それを機に、当時乗っていたハイエースにベッドキットを導入すると、以降は車中泊が基本となった。

その後、デリカに乗り換えると荷物が収まりきらなくなったため、市販のカーゴトレーラーを牽引して出かけるように。それでも次第に寝場所が窮屈になり、次の手を考えなければならなくなった。まず思いついたのはキャンピングカー。しかし決して安価でないわりに、すごく欲しい車種が見あたらない。

そこで怜夫さんは、寝られるトレーラーを自分で作ろうと考えた。実は怜夫さんの職業は特装車の製作。自身は電装関連の担当だが、日常的に製作現場にいればボディ作りの流れもわかる。2級自動車整備士と自動車検査員の資格もあり、知識は豊富。トレーラーの自作が、とんでもなくハードルが高いこととは思わなかった。

最初に作ったのは、市販のカーゴトレーラーの上に木造シェルを載せるタイプ。これを4年ほど使い、牽引して走った距離は3万㎞に及んだ。ただし気になっていたのは、重量がかさんだこと。木で頑丈に作ると、避けられないデメリットではある。

ならば今度はアルミフレームで。そうして誕生したのが、ここで紹介するトレーラーだ。最大積載量350kgの慣性ブレーキつきカーゴトレーラーに、アルミ角パイプを溶接したフレームをボルトオン。外装にはアルミ複合板を使い、手作りに見えないほどスマートな仕上がりとなっている。およその内寸は幅1350×長さ2300×高さ1120㎜で、2段ベッド仕様にできて一家5人が寝られる。牽引車のデリカやカーサイドテントに分かれて寝ることもできるから、状況に応じてトレーラーをベースにいろんな過ごし方ができる。

なお、このトレーラーの陸運局への登録は4ナンバー（軽貨物車）。一般的にキャンピングカーは8ナンバー（特殊用途車）で登録されるが、そのためには室内高を高くしたり、給排水設備などを設けたりする必要があり、難易度が高いと判断したためだ。

また、カーゴトレーラー自体の重さは180kgで、自作したアルミフレームの小屋が約150kg。積載量は150kgまでという登録内容なので、仮に上限いっぱいに荷物を積んでも、トレーラーの総重量は480kgということになる。悠々750kg未満だから、牽引免許は必要ない。

先代の自作モデルが、ブレーキなしのカーゴトレーラーと重い木造シェルの組み合わせだったのに対し、このトレーラーは慣性ブレーキつきで軽量アルミシェル。運転のしやすさ、安心感は、格段に向上したそうだ。

デリカでトレーラーを牽引する。トレーラーのドアは本体と同じ構造で、アルミ角パイプのフレームにアルミ複合板を張っている

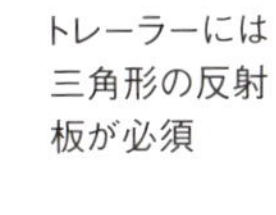

トレーラーには三角形の反射板が必須

前面上部の斜めの面は、アルミ複合板に切り込みを入れて曲げている

所有するエアコンがぴったり収まる寸法で前面を開口。蓋は簡単に脱着できる

屋根材も壁と同様にアルミ複合板。リベット部分をコーキングして防水

トレーラー室内。先代の自作トレーラーの床に使っていた羽目板を天井に張り、ダウンライトを仕込んだ。壁紙もビニール床シート(ロンリウム)も板張り調

床板の一部を持ち上げて脚をつければ、掘りごたつテーブルになる

コンパクトなトレーラーだが、一家5人で過ごせる。夜はみんなでゲームを楽しむことも多い

ベッド受けの角パイプは、高さを変えられる

両側に設置したスチール角パイプの上にマットレスを並べれば2段ベッドに。マットレスは24㎜厚の合板に2種類のスポンジを重ね、衣服用の生地をかぶせた自作品

ベッド用のマットレスを分割式にしたのは、このように組み合わせてソファとして使うため

前面の上部にソーラー換気扇を装備

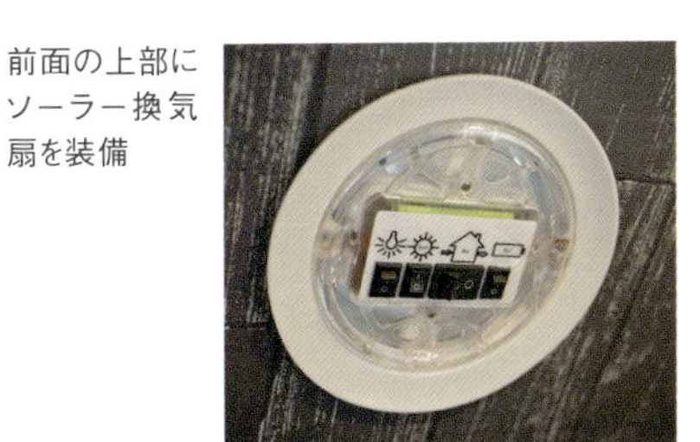

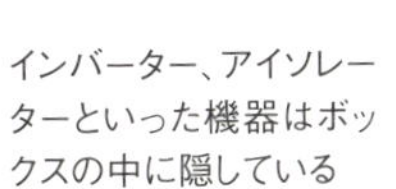

インバーター、アイソレーターといった機器はボックスの中に隠している

断熱塗料を塗ってからフレームの間に断熱材を詰め、内壁の下地となる石膏ボードをビス留め。天井はフレームにじかに羽目板を張っている。外側は透湿防水紙を張ってからアルミ複合板をリベット留め

1月には、こんなスタイルでのキャンプ場泊も。トレーラーにタープテントをかぶせて断熱し、横にカーサイドテントをつなげている。テント内で薪ストーブを使えば、Tシャツで過ごせるほど暖かい

ベースに使用した軽カーゴトレーラーは、神奈川のクロコアートファクトリーで購入したドイツ・KNOTT社製。神奈川から京都まで牽引して持ち帰った

初のアルミ溶接でフレームを製作。見えない部分にはMIG/MAG兼用の100V専用半自動溶接機を使い、見える部分には100V/200V兼用TIG溶接機を使用。TIG溶接のコツをつかむまでに多少時間がかかったそう。フレームとカーゴトレーラーとの接合は約20カ所のボルト留め

宿泊時はスタビライザージャッキを立ててトレーラーを固定

牽引車のヒッチメンバーにトレーラーを接続し、灯火類用の電気配線や緊急時用のワイヤーなどをつなぐ。橋ヶ谷さんは慣れたもの

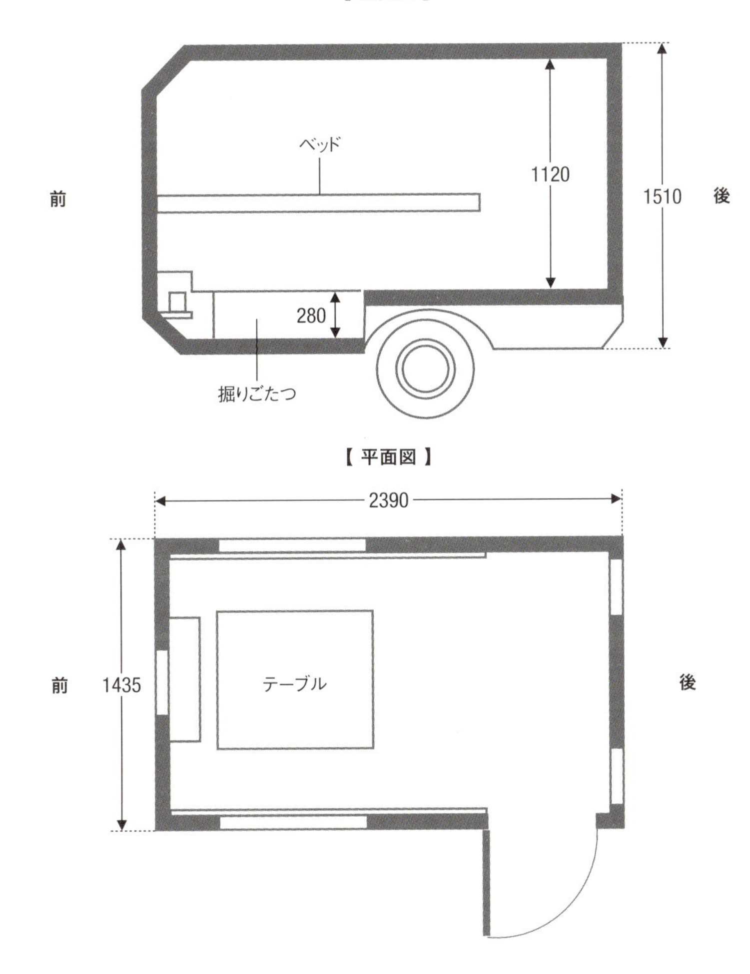

バンを旅車にする基本手順

ここからは軽バンを例に、初歩的な車中泊空間の製作手順を紹介する。バンを旅車にするためのベース作りともいえる作業メニューだ。もちろん製作方法はいろいろあるので、一例として参考にしていただきたい。

【基本手順_1】(P164-176)では、2列目シートから荷室にかけて木製の床を張り、ベッドとミニテーブルを設置する方法を紹介。車体にビスを打つことなく固定する方法を採用している。ベッド、ミニテーブルともに収納を兼ね、ベッドには引き出し式の車外テーブルを備える。

【基本手順_2】(P177-183)では、荷室に収納と寝台を兼ねるボックスを設置し、2列目シートをたたんで寝台を拡張することも、2列目シートを起こして3～4人が乗車することもできるシステムの作り方を紹介する。

【基本手順_3】(P184-193)では、天井を木装し、ダウンライトを設置する方法を紹介する。

【基本手順_1】

木製の床を張り、ベッドとミニテーブルを設置する

車内にジャストフィットさせることにより、車体にビスを打つことなく固定する

マットレス一体型の寝台の下はシンプルな収納ボックスに。ボックスのサイズは幅488×長さ1800×高さ170mm

車外で過ごすときのために、ベッドに引き出し式のテーブルを内蔵する

収納棚を兼ねるミニテーブルは2方向に拡張する構造。拡張部分を除いた本体のサイズは幅800×奥行185（車体の形に合わせた天板の奥側部分を除く）×高さ455mm。折りたたみ式を展開した天板サイズは幅800×奥行およそ460mm

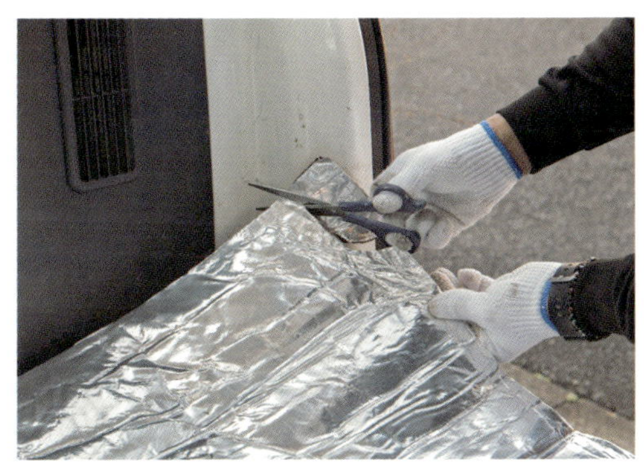

01 まず荷室に車用の断熱シートを張る。端部は車の形状に合わせて切る

02 シールタイプの断熱シートを荷室の床に直接張る

03 たたんだ2列目シートとの段差を解消するため、断熱シートの上に板(13×90㎜のスギ板)を並べる

04 両端の板を車体の形に合わせて加工するため、型取りゲージという道具に車体の形を写し取る

05 写し取った形を板の端部に描き写す

06 描き写した線のとおりにジグソーで切る

07 シートベルトがある部分は板を切り欠き、加工した板が車体の形に合うことを確認。この板は車体の端にぴったりつかなくていい

08 床材の下地として、荷室からたたんだ2列目シートの上にかけて合板(12㎜厚)を敷く。車体の形に合わせて加工するが、車体の凹凸により端まで寄せられないので、車体との間隔を計算に入れて形を写し取る

09 合板は車体の形にぴったり合わせるため、前出のスギ板と違って細かい凹凸まで写し取る。まずサシガネを使って基準となる位置を記す

10 車体の形状を型取りゲージに写し、手順09で記した位置を基準にして合板に形を写す

11 写し取った線のとおりにジグソーで切り、切断面をサンダーで磨いて整える

12 長い直線切りは丸ノコが適している。直線ガイドに沿わせると正確に切れる

13 合板の加工を終えた状態

14 合板を車内にはめて具合を確認。前後左右とも、ずれるほどのすき間がなければOK

15 合板の裏面にスギ板を等間隔で留める。合板の継ぎ目側の板は、幅の半分を外側に出して留める。22㎜のビスを使っている

16 スギ板を留めた合板を再び車内にはめ込み、継ぎ目をまたぐスギ板に、まだ固定していない合板をビスで留めて左右の合板を連結する

17 合板の前端の裏側に角材（30×40㎜）を横向きに配置し、ビスで留めて左右の合板の前端を連結する

18 フローリング材（16×90㎜）を張る。端に張る材は、合板と同様に車体の形を細かく写し取って加工する

19 裏面に接着剤を塗り、雄ザネの付け根から斜めにクギを打って合板に留める

20 雄ザネに次の板の雌ザネをはめて張り進め、ベッドを設置するスペースを残して終了する

21 張り終えたフローリングの端に合わせてベッドの側板を立てるが、フローリングの雄ザネが突き出ているので、それに合わせて切り欠く。まず平行定規をつけた丸ノコで、手順23のaの位置に切り込みを入れる。刃の深さは雄ザネの長さに合わせる

22 側板の下面に切り込みを入れて切り欠く。切り込みの位置は雄ザネの長さに合わせ、刃の深さは手順23のaに合わせる。材をしっかりと固定して安全に作業する

23 切り欠いた部分をフローリングの雄ザネとこのように組み合わせる

24
切り欠いた材を含め、ベッド兼収納ボックスの側板と仕切り板を用意する。すべて24㎜厚の合板

25 材同士の接合位置を記し、ビス打ち用の下穴をあける

26 側板内面の下端にスライドレールを取りつける

27 材を接合位置に合わせ、下穴にビスを打って固定する

28 スライドレールをつけた部分は、テーブルを引き出せるようにすき間を空けておく

29 スライドレールにテーブル(30㎜厚の集成材)を固定する

30 組み立てた側板と仕切り板をフローリングの横にはめ込み、ずれ止めとして内側に細い角材を固定する

31 最後部の収納ボックスの底板をはめ込み、スライドレールの上に載せる

32
マットレス用の板を用意する。24㎜厚のランバーコア材を使用

33
マットレス用の板も、下地合板やフローリング材と同様に車体の形に合わせて加工するが、前の2枚は窓を開閉するハンドルが操作しやすいように大まかな形状とした

34 マットレスの芯材に使うウレタンマット（30㎜厚のチップウレタンと15㎜厚のウレタンを組み合わせたもの）を板と同じ形状に切る

35 マットレスの表面に張るビニールレザーを、板より各辺250㎜ほど大きく切る

36 ビニールレザーの中央にウレタンマットを置き、木工用接着剤を塗る

37 ウレタンマットの上に板を載せ、ビニールレザーを引っ張ってくるみ、ステープルで留める

38 ビニールレザーがバランスよく収まるように調整しながら密にステープルを打つ

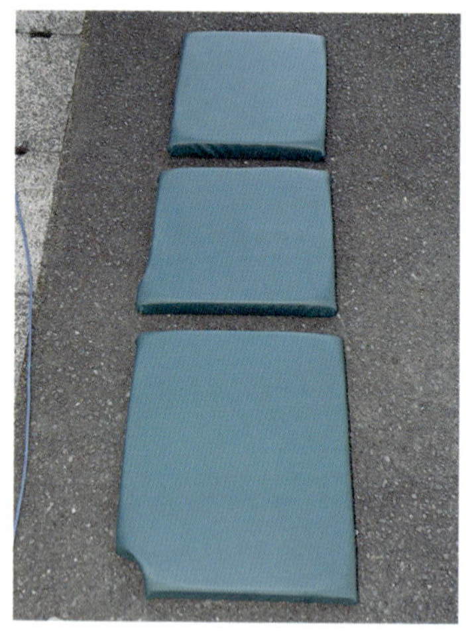

39 マットレスのできあがり

40 ミニテーブルの天板に車の形を写し取るため、仕上がり高さに保持できるよう端材を使って脚を作る

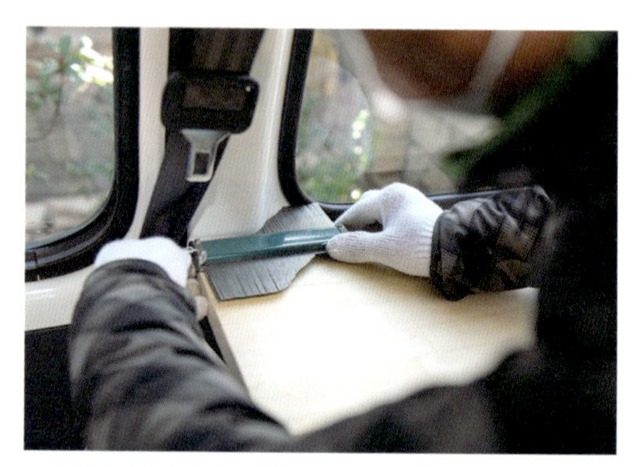

41 脚に天板材を載せ、型取りゲージを使って車の形を写し取る

42 写し取った線のとおりにジグソーで切り、切断面をサンダーで研磨して整える。天板材は25㎜厚の集成材

43 天板の裏面に背板をはめる溝を彫る。幅は12㎜、深さは6㎜。トリマーなどを使ってもいいが、ここでは平行定規をつけた丸ノコを使い、12㎜幅の間に切り込みを何本か入れている

44 切り込みを入れた部分をノミできれいな溝に整える

45 両端まで貫通させず、側板がつく部分の真ん中あたりで溝を止める。溝の端まできれいに整える

46 側板にも背板をはめる溝を切り欠く。ベッドの側板をフローリングの雄ザネに合わせて切り欠いたときと同じ要領で、2面から切り込む。12㎜厚の背板が両側に8㎜ずつ収まるようにした

47 天板と側板、前板を接合する。下穴をあけてからビスを打つ

埋め木でビスの頭を隠す

部材の表面にダボ穴（浅めの穴）を彫ってからビスを打ち、その穴にダボや丸棒を埋める「埋め木」というテクニックを使うと、仕上がりがよりスマートになる。この作例ではいったん組み立てたあとに埋め木を施しているが、埋め木で仕上げるなら、当然、最初からダボ穴をあけて組み立てるとよい。

ビスを打つ位置にダボ穴をあける。ここでは確実に垂直にあけるためドリルスタンドを使っている

ビスを打ってから穴に接着剤を入れ、ダボや丸棒を叩き込む

はみ出した接着剤を拭い、アサリ（刃の横方向の開き）がないノコギリで部材の表面と平らになるようにダボや丸棒を切り落とす

48 左の側板の上端はスライドテーブル用に切り欠く

49 切り欠いた左の側板を固定する

50 底板の前隅は前板に合わせて切り欠く

51 切り欠いた底板を固定する。底板の奥行は側板より背板の厚さ分だけ短い

52 背板（12㎜厚の合板）を固定する。天板と側板の溝にはめ、底板にかぶせてビスで留める

53 ミニテーブル本体の組み立てが完了。天板、背板以外は19㎜厚の集成材を使用

54 側板の内面に棚受けとして細角材を固定する。下穴をあけてビスを打つ

55 スライド式の拡張天板を支える受け桟として細角材を背板に固定する

56 折りたたみ式の棚受けを介して前板と拡張天板（30㎜厚の集成材）を連結する

57 スライド式拡張天板の最大引き出し位置を現物の様子を見て決める

58 スライド式拡張天板用のレールとなる溝を天板の裏面に彫る。トリマーを使い、背板をガイドにして幅9㎜、深さ10㎜の溝を彫った

59 溝の位置に合わせて、スライド式拡張天板に棚ダボをつける。まず8㎜径のダボ錐ビットでダボ穴をあける

60 9㎜径の棚ダボのメスを穴に叩き込む

61 叩き込んだメスにオスをねじ込む。この突起を天板裏面に彫った溝にはめることにより拡張天板がスライドする

62 スライド式拡張天板をセットして先端に取っ手をつける

63 車内の適切な場所に配置し、底板にビスを打って床に固定する

64 後端を幕板でカバーする。形状を合わせて切り出した板（フローリングの端材）を接着剤とビスで固定する

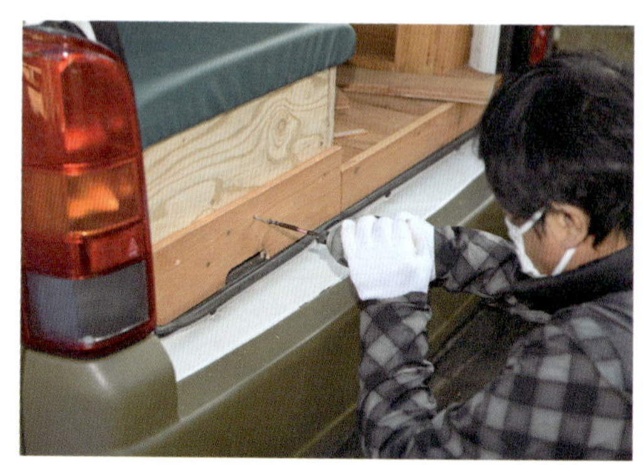

65 引き出し式テーブルの先端には、引き出しやすいように持ち手を切り欠いた幕板をつける。その上部にも同種の板を張れば完成

【基本手順_2】

車中泊と2列目乗車の2wayシステムを作る

車中泊時は運転席の後ろがすべてフラットなベッドスペースとなる

2列目シートを使いたいときは手軽にセットできる

荷室に常設する部分は、左右分割式の収納ボックスとして活用。後面にも扉があり、上に物や人が載っていても出し入れできる

フラットな床の延長方法は、たたんだ2列目シートの前にコの字形の脚を立て、板を並べるだけと単純

2列目シートを使うときは、脚は座面の下に収め、延長用の床板は収納ボックスの前部にしまう

01 荷室に断熱シートを敷き、車の形にぴったり合わせた合板下地を敷くまでの手順は【基本手順_1】のP165〜168と同様。実際に、この合板下地はそこで製作したものを2列目シート使用時の荷室のサイズにカットしたもの

02 収納ボックスの側板の高さを、たたんだ2列目シートと水平にするため、角材を渡して水平器を載せ（写真には写っていない）、計測する

03 車体の凹凸を解消して基準線を作ることと補強を兼ね、荷室後部の両側に角材（30×40㎜）を固定する

04 左右の角材は平行に留める

05 左右の側板と前の仕切り板を切り出し、70㎜のスリムビスで接合する。前の仕切り板の位置は、延長用の床板の幅に合わせて設定する。使用した材は24㎜厚のスギ板（ムクボード）

06 接合した左右の側板と前の仕切り板を荷室に入れ、下地合板に載せる

07 左右の仕切り板を前の仕切り板に接合する

08 前の側板を左右の側板に接合する

09 後端付近の左右の側板と仕切り板の間に適正な長さの端材を挟み、仕切り板を正確に中心に配置する

10 左右の仕切り板にビスを斜めに打って合板下地に固定する。左右両側からビスを打つ

11 左右の側板を外側に固定した角材にビスで留める

12 側板と仕切り板を固定し終えた状態

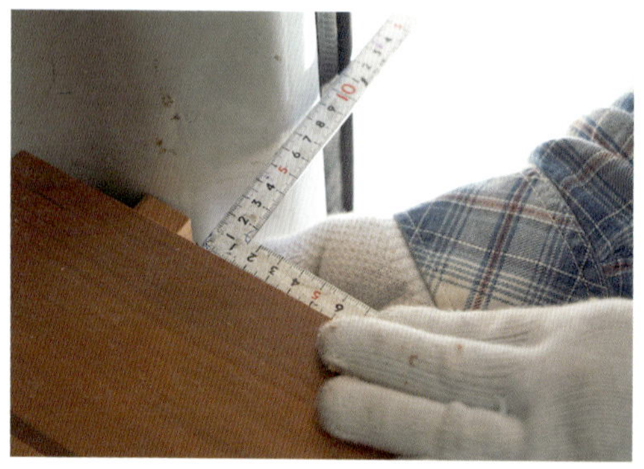

13 後ろの扉枠を車体の形に合わせて加工する。【基本手順_1】で多用した方法で材に車体の形状を写す。まずサシガネを使って基準となる位置を記す

14 型取りゲージに車体の形状を写し、その形を手順13で記した位置を基準にして材に描き写す

15 描き写した線のとおりにジグソーで切る

16 切断面をサンダーで研磨して整える

17 左右の側板の外側にすき間が空いているので、扉枠の受けとするため、上端にそろえて角材(30×40㎜)を留める

18 後ろの扉枠を側板にスリムビスで留める

19 左右の扉枠を正確な位置に配置する

20 左右の扉枠を側板外側の角材にスリムビスで留める

21 収納ボックス前部の蓋を作る。後ろの扉枠と同様に車体の形に合わせて加工し、裏面にずれ止め用の細角材をつける

22 左右と後ろの扉枠をつけ、前部の蓋をはめた状態

23 後面の扉材を切り出す。車の開口部の形に合わせて両端は斜めに切る。これはスライド丸ノコの切断ラインを斜めに合わせているところ

24 設置場所に扉材を合わせ、開口部の形に合わせて細かい修正箇所を記す

25 記した修正箇所をサンディングして整える

26 後面の扉は、スライド蝶番を使った下開きとするため、内面の下側にスライド蝶番のカップをはめる穴を彫る。ここでは下端から10㎜あけた位置に40㎜径の穴を彫れる自作ジグと40㎜径のフォスナービットを使っている

27 ある程度彫れたらジグをはずし、15㎜ほどの深さに彫る

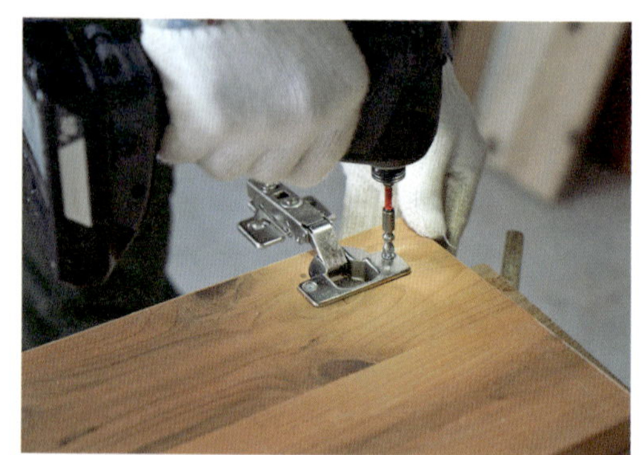

28 左右に穴を彫り、スライド蝶番のカップをはめて付属のビスで留める

29 扉を取りつけ位置に合わせ、収納ボックスの底板（合板下地）にスライド蝶番の座金の固定位置を記す

30 いったんスライド蝶番の座金とカップを分解し、記した位置に座金を留める

31 再び座金とカップを連結し、調整ネジを回して扉の位置を補正する

32 左右にローラーキャッチを取りつける

33 扉を開くときに指をかける穴を左右にあける。まず表面から40mm径のフォスナービットで切削する

34 フォスナービットの中心が裏面に抜けたら、中心の位置を合わせて裏面から切削する。両面から彫ることによりバリがないきれいな穴をあけられる

35 後面の扉のできあがり

36 後面の扉と同様にして左右の扉を取りつけ、指をかける穴をあける

37 収納ボックス前部の蓋にも指かけ用の穴をあける。各部をサンディングして仕上げる

38 延長用の床板を載せる脚を作る。板をコの字形に組み立て、補強のため両隅に三角形の板を固定する

39 延長用の床板を切り出して作業完了。左右の板はピラーにあたる部分をわずかに切り欠いている

【 基本手順_3 】

天井を木装し、
ダウンライトを設置する

車中泊スペースの天井を羽目板で木装し、12V仕様のLEDダウンライトを設置。電力はシガープラグを介してポータブル電源から送る設定

施工前の天井

01 天井の内張りを剥がすため、まずルームランプを取り外す。クリップをはずす道具、クリップリムーバーの先端などを差し込んでカバーをはずす

02 ルームランプユニットを固定しているビスを抜く

03 配線のカプラーを抜いて、ユニットを取り外す。コードは天井裏に戻しておく

04 内張りを押さえているカバーを取り外す

05 内張りを固定しているクリップを取り外す。運転席の上の内張りは残すので、残す部分はそのままにしておく

06 内張りにカッターで切り込みを入れ、切ってはいけない配線などがないか裏側を確認する

07 問題なければそのまま切り進めて内張りを剥がす

08 運転席の上の内張りを残し、車体のフレームに沿って内張りを切りそろえる

09 内張りを剥がし終えた状態

10 天井に残った接着剤をスクレーパーで除去する

11 フレームを除く天井面の寸法を測る

12 測った寸法に合わせて断熱防音シートをカッターで切り出す。まずは両側の曲面部分を除く平面部分のサイズに切る

13 断熱防音シートの剥離紙を少しだけ剥がす

14 正確に位置を合わせてシートの剥離紙を剥がした部分を天井に張り、徐々に剥離紙を剥がしながら張り進める

15 なるべく空気やシワが残らないようにシート全体を張る

16 平面部分に断熱防音シートを張った状態

17 両側の曲面部分にも同様にシートを張る。電気配線はフレームの裏側に隠しておく

18 天井全体に断熱防音シートを張った状態

19 天井につける照明の配線作業。ピラーに通した配線を荷室の側面から取り出すことにして、通線ワイヤーを使って支障なく通ることを確認

20 ピラーに2芯ケーブルを通す

21 2芯ケーブルを電工ペンチのカッターで必要な長さに切る

22 2芯ケーブルの両端の被覆を電工ペンチのストリッパーで剥く

23 さらにプラス線とマイナス線の被覆を剥く

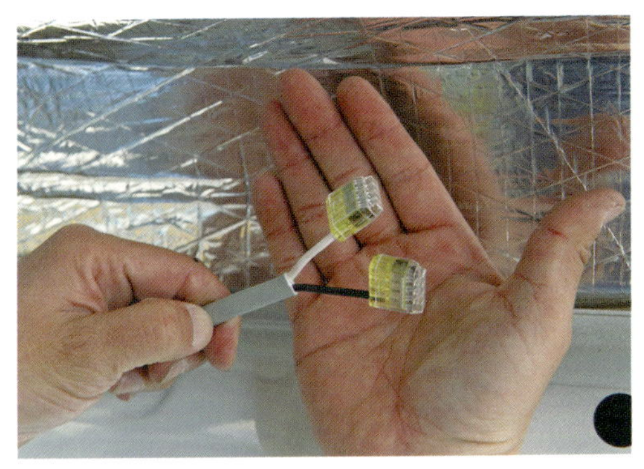

24 照明側のプラス線とマイナス線を差込型コネクタ（4穴）に差す

25 照明を設置する位置を決め（3カ所）、適切な長さに切った2芯ケーブルを配置してテープで仮留めする

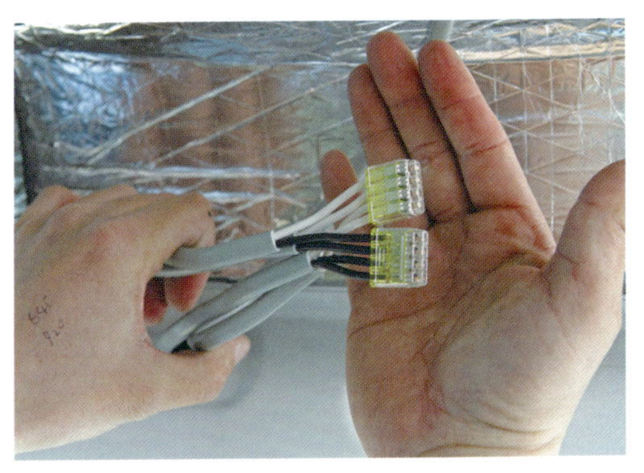

26 ピラーに通したケーブルを差しておいたコネクタに照明3個のプラス線とマイナス線も差し込む

27 荷室の側面に配線を取り出す穴をあける。8.5㎜径のドリルビットを使用

28 あけた穴にシガープラグのコードを通す

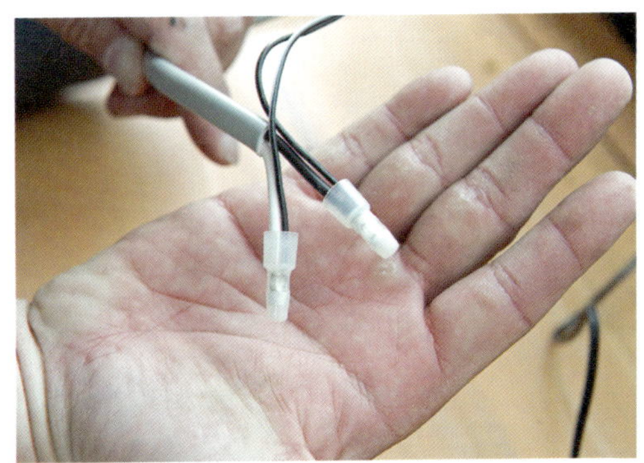

29 ピラーに通した2芯ケーブルとシガープラグのコードのプラス線同士、マイナス線同士を接続子（CE形）にまとめ、圧着工具でかしめて接続する

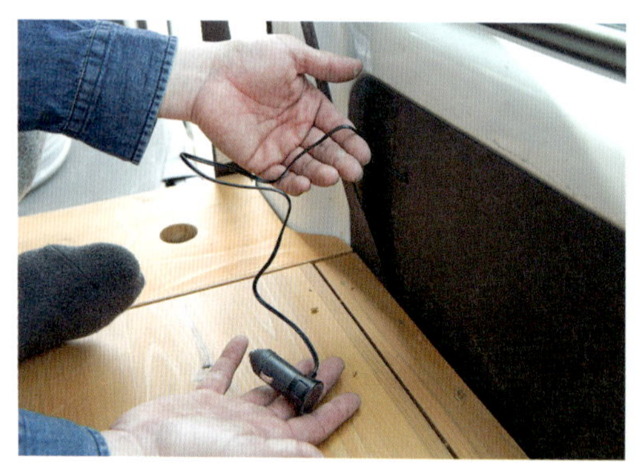

30 接続した配線を荷室側面の裏側にまとめてカバーを元に戻す。これでシガープラグ側の配線作業は終了

31 天井に張る羽目板の下地として、車体フレームのサイズに合わせて合板を切り出し、裏面にウレタン樹脂系接着剤を塗る。耐振動性や耐熱性を考慮して、フローリング用の接着剤を使用した

32 25㎜のドリルビスを打ち、車体フレームに合板を留める

33 まずは2本の車体フレームの平面部分に合板を留める

34 中心に張る羽目板に照明用の穴をあける。穴径を調節できる自在錐を使い、使用する照明に合わせた径（55㎜）の穴を3カ所にあけた

35 穴をあけた羽目板を下地の合板に留める。ここではフィニッシュネイラと25㎜の仕上げクギを使用

36 天井の中心に羽目板を固定した状態

37 シガープラグをポータブル電源につなぎ、配置しておいた2芯ケーブルと照明のプラス線同士、マイナス線同士を接触させて通電していることを確認する

38 2芯ケーブルと照明のコードを接続子で連結する

39 3カ所の配線をつなぎ照明を固定する

40 羽目板を左右へと張り進める。まず合板の下地の位置と後端に接着剤を塗る

41 先に留めた羽目板とサネをしっかり組み合わせ、仕上げクギを打って留める

42 下地合板がある平面部分の両端まで羽目板を張る

43 曲面部分の端部に下地合板を留める。裏面に接着剤を塗り、ドリルビスを打つ

44 車体フレームには細かく刻んだ下地合板を留める

45 羽目板の端材をあてがって収まり具合を確認する

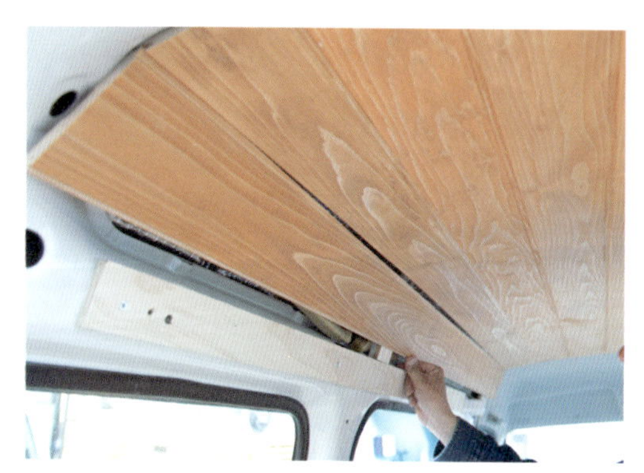

46 真っすぐな羽目板をあてがうと、車体の形状によりすき間ができてしまうことが判明

47 下地合板がある車体フレームの位置で板を継ぎ、継ぎ目に角度をつけることにより、すき間を解消する。サネにも接着剤を塗る

48 2枚に分けた羽目板を継いで張った状態。後端にも角度をつけている

49 両端に張る羽目板は端部を丸く加工することに。塗料缶を利用して曲線を記す

50 記した線に合わせてジグソーで切る

51 両端の羽目板もいったん2分割して角度をつけて継ぎ直す

52 両端の前側の板は、車体の出っ張りに合わせて切り欠く。切り欠く寸法を測る

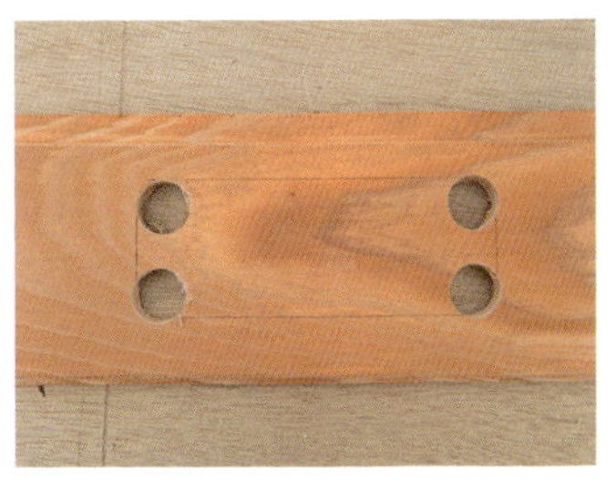

53 切り欠く位置を羽目板に記し、四隅にドリルで穴をあける

54 線のとおりにドリル穴の間をマルチツールやジグソーなどで切り落とす

55 切断面をサンドペーパーで研磨して整える

56 両端の羽目板を張り終えたら作業完了

Mobile Homes
愉快な旅車の作り方

2025年3月29日　第1刷発行

発行人　関根真司
編集人　豊田大作
発行所　株式会社キャンプ
　　　　〒135-0007 東京都江東区新大橋1-1-1-203
発売元　株式会社ワン・パブリッシング
　　　　〒105-0003 東京都港区西新橋2-23-1
印刷所　中央精版印刷株式会社

●この本に関する各種お問い合わせ先
・本の内容については　☎03-6458-5596(編集部直通)
・不良品(落丁、乱丁)については　☎0570-092555(業務センター)
　〒354-0045 埼玉県入間郡三芳町上富279-1
・在庫、注文については　☎0570-000346(書店専用受注センター)

©CAMP Co.,Ltd.

本書の無断転載、複製、複写(コピー)、翻訳を禁じます。
本書を代行業者等の第三者に依頼してスキャンデジタル化することは、
たとえ個人や家庭内の利用であっても、著作権法上、認められておりません。

Staff

撮影　江藤海彦 (P177-183)
田里弐裸衣 (P36-43、74-85、184-193)
谷瀬 弘 (P52-67)
冨田寿一郎 (P110-115、164-165、171-176)
福島章公 (P26-35、44-51、86-97、140-145、165-170)
諸石 信 (P14-25)
門馬央典 (P98-103、122-127、158-163)
柳沢克吉 (P68-73)
ｄｏｐａ編集部 (P104-109、116-121、128-139、146-157)
＊いずれも製作風景など一部カットを除く
施工　鈴木大地 (P184-193)
田母神一彦 (P164-183)
装丁・デザイン　髙島直人 (ベルノ)
イラスト　丸山孝広
取材・編集　ｄｏｐａ編集部 (設楽 敦、豊田大作)、和田義弥 (P52-59、86-91)